启航书课包 云图 YUN TU

U0409271

线性代数9讲

主编　张　宇

上岸

北京理工大学出版社
BEIJING INSTITUTE OF TECHNOLOGY PRESS

图书在版编目（CIP）数据

线性代数 9 讲 / 张宇主编 . -- 北京 : 北京理工大学出版社 , 2025. 4.

ISBN 978-7-5763-5221-4

Ⅰ. O151.2

中国国家版本馆 CIP 数据核字第 2025C454Z2 号

责任编辑：多海鹏　　**文案编辑**：多海鹏

责任校对：周瑞红　　**责任印制**：李志强

出版发行 / 北京理工大学出版社有限责任公司

社　址 / 北京市丰台区四合庄路 6 号

邮　编 / 100070

电　话 /（010）68944451（大众售后服务热线）

（010）68912824（大众售后服务热线）

网　址 / http://www.bitpress.com.cn

版 印 次 / 2025 年 4 月第 1 版第 1 次印刷

印　刷 / 三河市文阁印刷有限公司

开　本 / 787 mm × 1092 mm　1/16

印　张 / 7.25

字　数 / 181 千字

定　价 / 99.80 元

前 言

一、总的任务

考研数学的复习，首先要有一个全面、系统、深刻的知识储备，这一般是在传统的基础和强化阶段要完成的，但在考研命题日益灵活的背景下，仅做好以上工作并不能带来考生数学成绩的实质性提高，所谓“听得懂课，但不会做题”，就是这一问题的真实写照 .

事实上，要有一个环节：在做完知识储备工作之后，让考生从“做题角度”出发，系统学习并深刻理解数学题的构成方式、命制手法，并重新梳理知识，让知识在解题中活起来、用得上 . 这便可以在一个集中的时间段内，提高考生的解题能力和数学成绩，同时，这个环节的训练可以让考生建立科学的思考方式，形成独立研究问题的能力 .

针对如何解题，本书提出了大学数学的“三向解题法”，将其贯彻在“高等数学”“线性代数”“概率论与数理统计”三门大学基础数学课程中，首要目的是，在学习者已经掌握了基本数学知识的前提下，专门研究如何解题，从而助其在高水平数学考试中取得好成绩 .

二、三向解题法（OPD）

1. 三向解题法体系与记号

三向解题法简记为 OPD，其中：

目标 (任务)——Objects，记为 O；

思路 (程序)——Procedures，记为 P；

细节——Details，记为 D.

故该解题方法就是“以目标、思路与细节为三个导向的解题方法”，其体系如下：

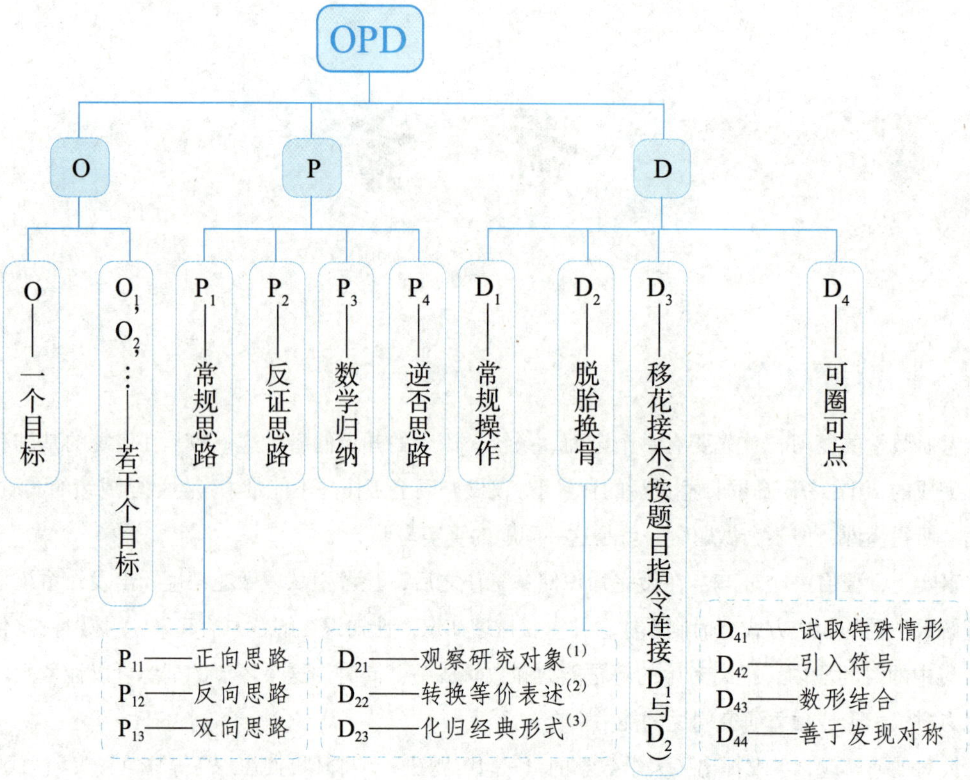

注：（1）要建立隐含条件体系块；（2）要建立等价表述体系块；（3）要建立形式化归体系块．

（1）~（3）的具体解释见下文．

2. 三向解题法法则

法则一：盯住目标（O）

对于一个问题，无论它是如何表述的，首先要做的是寻找目标、锁定目标、盯住目标！理解题目要做什么，这至关重要！把你的注意力集中于目标，尤其是表述冗长的问题，一定要先去掉细节表述，节省你的精力，只看目标！同时确定是一个目标（O），还是若干个目标（O_1，O_2，…）．

值得注意的是，要在一个完整的问题表述中寻找并锁定目标，即选择题要将题干和选项一起看；填空题要将题干和所填内容一起看；设置多问的解答题要将题干和每一个问题一起看．

以下是线性代数目标汇总：

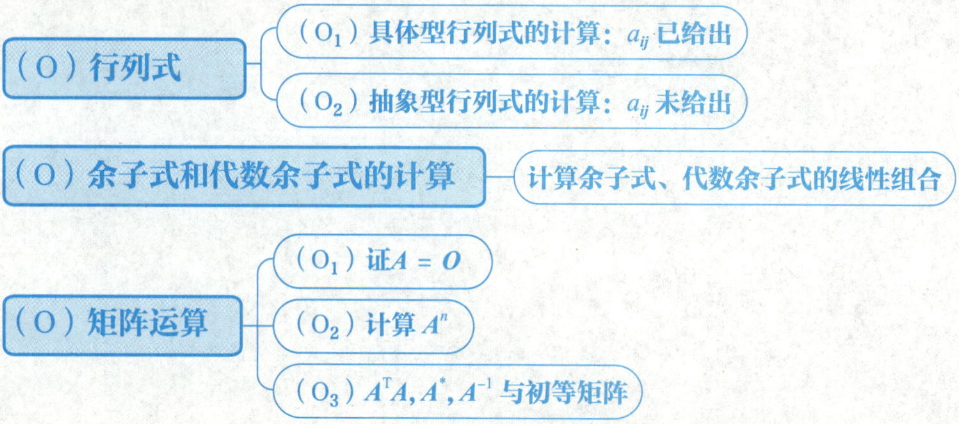

- （O）矩阵运算
  - （O_4）分块矩阵
  - （O_5）求解矩阵方程

- （O）求矩阵的秩
  - 用定义求矩阵的秩
  - 用公式求矩阵的秩

- （O）线性方程组
  - （O_1）一般求解问题（含参常考）
  - （O_2）公共解问题
    - 齐次线性方程组公共非零解
    - 非齐次线性方程组公共解
  - （O_3）同解问题
    - 齐次线性方程组
    - 非齐次线性方程组
  - （O_4）线性方程组的几何意义（仅数学一）

- （O）向量组
  - （O_1）研究具体型向量关系
  - （O_2）研究抽象型向量关系
  - （O_3）研究向量组等价
  - （O_4）向量空间（仅数学一）

- （O）求解／利用 A 的特征值与特征向量

- （O）相似理论
  - （O_1）化归相似对角化的基本局面
  - （O_2）用各种条件判A能否相似对角化
  - （O_3）非对称矩阵A与实对称矩阵A相似对角化的异同
  - （O_4）A与B相似
  - （O_5）相似对角化的应用
  - （O_6）正交矩阵及其使用

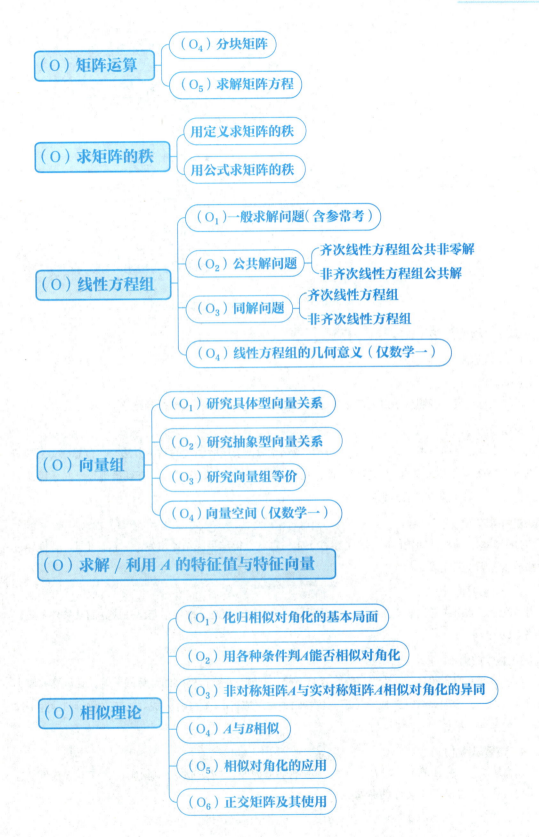

- （O）化二次型为标准形、规范形
  - （O_1）$f=x^{\mathrm{T}}Ax$中A的表示
  - （O_2）配方法与正交变换法的异同
  - （O_3）伪配方法
  - （O_4）正交变换法的传递性
  - （O_5）合同的判定与手段
  - （O_6）合同与相似的异同
  - （O_7）正定的判定与应用
  - （O_8）二次型的最值

法则二：检索思路（P）

（1）常规思路（P_1）.

①正向思路（P_{11}）.

从已知条件出发，按照所学过的基本方法、典范思路进行下去，最终得到结果或结论.

②反向思路（P_{12}）.

从结论出发，反向思考：如果要得到此结果或结论 A，按照所学过的基本方法、典范思路，只要 B 成立即可，那么为了得到 B 成立，继续推理，只要 C 成立即可，依次类推，直到推理至已知条件，因已知条件成立，则 A 成立，从而思路完成.

③双向思路（P_{13}）.

结合①，②，即从已知条件出发，尽量往下走；再从欲得结果或结论出发，尽量往上走.若推导过程衔接成立，则思路完成.

（2）反证思路（P_2）.

当结论呼之欲出或者显然成立时，一般可假设其对立结论成立，推导出与已知成立的某条件矛盾，则思路完成.

（3）数学归纳（P_3）.

涉及自然数 n 的命题 A，包括数列的等式与不等式问题，n 阶行列式的计算问题等，在试算 n 较小时的特殊情形后，增加$n=k$时 A 成立（第一数学归纳法）或者$n<k+1$时 A 成立（第二数学归纳法）这个强有力的条件，推导$n=k+1$时 A 成立.

（4）逆否思路（P_4）.

给出命题 T：“若 A 成立，则 B 成立.”其逆否命题为 S：“若$\bar{B}$成立，则$\bar{A}$成立.”T 与 S 等价，选择 T 或者 S 中更易进入思考程序的命题.

当然，若 A 成立$\Leftrightarrow B$成立，则$\bar{A}$成立$\Leftrightarrow\bar{B}$成立，这也给解题提供了重要思路.

法则三：细节处理（D）

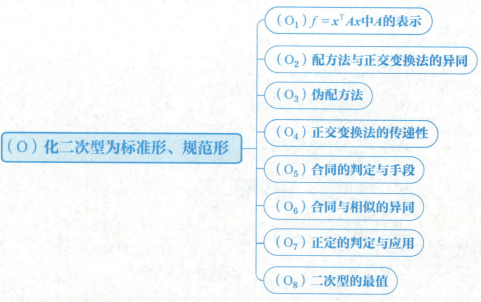

题目中的每一个文字、符号或图形可能都蕴含细节，要一个细节一个细节地处理！要强调的是，

不要同时处理多个细节！

（1）**常规操作**（D_1）.

准确再现条件所表达的数学细节（定义、公式、定理等）即可.

（2）**脱胎换骨**（D_2）.

①**观察研究对象**（D_{21}）.

有一种细节，是把信息隐含在研究对象中的.它是奇、偶函数吗？它是对称矩阵吗？它是定义式、关系式还是约束式？你不能指望它（们）在那里大喊："看看我，我是偶函数！""看看我，我是极限定义！"做一个细致的观察者，看清楚你要面对的到底是谁，它（们）有什么性质、特点，写出来，用起来.D_{21}是解题者易忽略的，这就要在解题中不断积累这些隐含条件，并形成隐含条件体系块.

②**转换等价表述**（D_{22}）.

有一种细节，是把信息隐藏在专业术语中的.为了隐藏数学对象的真正联系，题目往往用专业术语或者换一个等价说法来表述.这种陌生感会令人困惑，但是不要慌乱，试着翻译这个专业术语（直译），也可以试着使用另一个更直白的表述(意译)，如果实在无法转换说法，干脆回到定义的说法上去！记住，一个数学知识，无论如何表述，均是表达同一个考点！而且要坚定信念：这个考点一定在考纲内且是典范的！D_{22}是解题者较陌生的，这就要在解题中不断积累这些等价表述，并形成等价表述体系块.

③**化归经典形式**（D_{23}）.

有一种细节，是把信息隐藏在一个被动过手脚的式子中的.显然，它如果盖了一层被子，那就把被子掀开；如果盖了两层被子，那就一层一层地掀开；如果盖了三层被子，那就把卷子给撕了.这是玩笑.一般说来，对于一个陌生的式子，往往只需要做一步至两步的逆运算，就能看到一个熟悉的式子了.这个熟悉的意思是，它一定是经典的形式！比如，它成为一个经典公式、经典定理、经典结论的一部分甚至全部.D_{23}是解题者使用最为广泛的，这就要在解题中不断积累常见的经典形式，并形成形式化归体系块.

（3）**移花接木**（D_3）.

经过（2）中①，②，③的细节处理，将（2）中①，②，③的成果按照题目的指令或逻辑联系起来，则豁然开朗，柳暗花明.

（4）**可圈可点**（D_4）.

数学中有特殊与一般、数字与图形、对称与反对称等特点，从这些客观规律入手，便又是一个又一个可圈可点的好方法.

①**试取特殊情形**（D_{41}）.

有一种细节，是复杂的，是很难看懂的.这时候，试着取一个简单的例子，比如取个常数，或者把高阶数降为2阶、3阶，使其不那么复杂，又或者试着引入新元，换掉旧元，使其变得更简洁.

②**引入符号，数形结合**（D_{42},D_{43}）.

有一种细节，是分析性的，即使它具有简洁美，依然让人感到抽象.这时候，试着画一画图，引入一个符号.注意，图形、符号是另一种数学信息的表达，它们不是几何题的专属，对任何一开始似乎跟几何没什么关系的题目，图形、符号都可能是重要的帮手.

③**善于发现对称**（D_{44}）.

有一种细节，是对称性的.发现它，用上它，对称的问题尽量用对称的手段去处理，如果是隐含对称性的，那么，还原对称性 .

当然，这里可能还有④，⑤，…，期待学习者在研究过程中，写出自己可圈可点的细节处理 .

在一个题目解答完毕后，可以再问自己一个问题：在这个解题过程中，到底是什么阻碍了我，又是什么最后帮到了我？并把它们记录下来 .

三、几点说明

第一点，本书全面贯彻前述“三向解题法”，此方法是科学的、具有仪式感的、可操作的方法，但是一定要勤加练习，熟之，才能悟之 . 书中用三向解题法的记号标注了部分内容的思考要点，供参考 .

第二点，学方法和学知识是不一样的，二者对书的读法不一样，对书的讲法也不一样 . 在研究本书的过程中，教，主要在于点拨，要教出可行的路子；学，主要在于落实，要学会独立行走 . 同时，需要指出的是，作为《考研数学基础 30 讲》的后续教材，本书注重集训强化功能，篇幅适中，利于考生短时间内完成任务，提高解题能力 .

第三点，从学习解题，到学会解题，再到喜欢解题，任重而道远 . 我希望和学习者一起努力，探索科学的解题方法，提高解题能力，更重要的是建立科学的思考方式、形成研究客观规律的能力 .

第四点，若读者学有余力或想更进一步研究考研数学命题与解题，可参考本人编著的《大学数学解题指南》与《大学数学题源大全》.

由于时间紧张，加之本人能力有限，且本书是有别于教科书和习题集的专门研究解题的拙著，难免有疏忽或者谬误，请读者指正，也诚挚欢迎对解题方法有兴趣或有研究的师生不吝赐教 .

张宇

2025 年 4 月于北京

目 录

第1讲 行列式

三向解题法

- 行列式（O（盯住目标））
  - 具体型行列式的计算：a_{ij} 已给出（O_1（盯住目标 1））
    - 化为基本形行列式
    - 加边法
    - 递推法（高阶→低阶）
    - 数学归纳法（低阶→高阶）
  - 抽象型行列式的计算：a_{ij} 未给出（O_2（盯住目标 2））
    - 用行列式的性质
    - 用矩阵知识
    - 用相似理论

一、具体型行列式的计算：a_{ij} 已给出（O_1（盯住目标 1））

1. 化为基本形行列式

所谓基本形行列式，是指化至此行列式即可得到结果 .

（1）主对角线行列式 .

$$\begin{vmatrix} a_{11} & a_{12} & \cdots & a_{1n} \\ 0 & a_{22} & \cdots & a_{2n} \\ \vdots & \vdots & & \vdots \\ 0 & 0 & \cdots & a_{nn} \end{vmatrix} = \begin{vmatrix} a_{11} & 0 & \cdots & 0 \\ a_{21} & a_{22} & \cdots & 0 \\ \vdots & \vdots & & \vdots \\ a_{n1} & a_{n2} & \cdots & a_{nn} \end{vmatrix} = \begin{vmatrix} a_{11} & 0 & \cdots & 0 \\ 0 & a_{22} & \cdots & 0 \\ \vdots & \vdots & & \vdots \\ 0 & 0 & \cdots & a_{nn} \end{vmatrix} = \prod_{i=1}^{n} a_{ii} .$$

（2）副对角线行列式 .

$$\begin{vmatrix} a_{11} & a_{12} & \cdots & a_{1,n-1} & a_{1n} \\ a_{21} & a_{22} & \cdots & a_{2,n-1} & 0 \\ \vdots & \vdots & & \vdots & \vdots \\ a_{n1} & 0 & \cdots & 0 & 0 \end{vmatrix} = \begin{vmatrix} 0 & \cdots & 0 & a_{1n} \\ 0 & \cdots & a_{2,n-1} & a_{2n} \\ \vdots & & \vdots & \vdots \\ a_{n1} & \cdots & a_{n,n-1} & a_{nn} \end{vmatrix} = \begin{vmatrix} 0 & \cdots & 0 & a_{1n} \\ 0 & \cdots & a_{2,n-1} & 0 \\ \vdots & & \vdots & \vdots \\ a_{n1} & \cdots & 0 & 0 \end{vmatrix}$$

$$=(-1)^{\frac{n(n-1)}{2}} a_{1n} a_{2,n-1} \cdots a_{n1} .$$

形式化归体系块

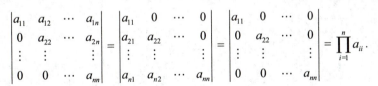

形式化归体系块

（3）拉普拉斯展开式.

设 A 为 m 阶矩阵，B 为 n 阶矩阵，则

$$\begin{vmatrix} A & O \\ O & B \end{vmatrix} = \begin{vmatrix} A & C \\ O & B \end{vmatrix} = \begin{vmatrix} A & O \\ C & B \end{vmatrix} = |A||B|,$$

$$\begin{vmatrix} O & A \\ B & O \end{vmatrix} = \begin{vmatrix} C & A \\ B & O \end{vmatrix} = \begin{vmatrix} O & A \\ B & C \end{vmatrix} = (-1)^{mn}|A||B|.$$

（4）范德蒙德行列式.

$$\begin{vmatrix} 1 & 1 & \cdots & 1 \\ x_1 & x_2 & \cdots & x_n \\ x_1^2 & x_2^2 & \cdots & x_n^2 \\ \vdots & \vdots & & \vdots \\ x_1^{n-1} & x_2^{n-1} & \cdots & x_n^{n-1} \end{vmatrix} = \prod_{1\leqslant i<j\leqslant n}(x_j - x_i), n\geqslant 2.$$

【注】（1）若所给行列式就是基本形或接近基本形，则直接套公式或经过简单处理化成基本形后套公式.

（2）简单处理的手段：⟶ D_{21}（观察研究对象），这是具体型行列式解题的要诀

①按零元素多的行或列展开；

②用行列式的性质对差别最小的“对应位置元素”进行处理，尽可能多地化出零元素，再按此行或列展开；

③对于行和或列和相等的情形，将所有列加到第 1 列或将所有行加到第 1 行，提出公因式，再用②，等等.

（3）具体型行列式的元素中若含 x，则其为 x 的多项式.

例 1.1 已知 $f(x)=\begin{vmatrix} 2x+1 & 3 & 2x+1 & 1 \\ 2x & -3 & 4x & -2 \\ 2x+1 & 2 & 2x+1 & 1 \\ 2x & -4 & 4x & -2 \end{vmatrix}$，$g(x)=\begin{vmatrix} 2x+1 & 1 & 2x+1 & 3 \\ 5x+1 & -2 & 4x & -3 \\ 0 & 1 & 2x+1 & 2 \\ 2x & -2 & 4x & -4 \end{vmatrix}$，则方程 $f(x)=g(x)$ 的不同的根的个数为________.

（D_{22}（转换等价表述），写出方程，即计算行列式）

【解】应填 2.

$$f(x)=\begin{vmatrix} 2x+1 & 3 & 2x+1 & 1 \\ 2x & -3 & 4x & -2 \\ 0 & -1 & 0 & 0 \\ 2x & -4 & 4x & -2 \end{vmatrix} = \begin{vmatrix} 2x+1 & 3 & 2x+1 & 1 \\ 2x & -3 & 4x & -2 \\ 0 & -1 & 0 & 0 \\ 0 & -1 & 0 & 0 \end{vmatrix} = \begin{vmatrix} 2x+1 & 3 & 2x+1 & 1 \\ 2x & -3 & 4x & -2 \\ 0 & -1 & 0 & 0 \\ 0 & 0 & 0 & 0 \end{vmatrix} = 0,$$

（本讲的“一、1.注中的（2）②”）

$$g(x)=\begin{vmatrix} 2x+1 & 1 & 2x+1 & 3 \\ 9x+3 & 0 & 8x+2 & 3 \\ -2x-1 & 0 & 0 & -1 \\ 6x+2 & 0 & 8x+2 & 2 \end{vmatrix} = -\begin{vmatrix} 9x+3 & 8x+2 & 3 \\ -2x-1 & 0 & -1 \\ 6x+2 & 8x+2 & 2 \end{vmatrix}$$

（本讲的“一、1.注中的（2）①”）

$$= -\begin{vmatrix} 3x+1 & 0 & 1 \\ -2x-1 & 0 & -1 \\ 6x+2 & 8x+2 & 2 \end{vmatrix} = -x(8x+2),$$

所以$-x(8x+2)=0$，有两个不相等的根 .

例 1.2 已知线性方程组$\begin{cases}ax_1+x_3=1,\\x_1+ax_2+x_3=0,\\x_1+2x_2+ax_3=0,\\ax_1+bx_2=2\end{cases}$有解，其中$a$，$b$为常数.若$\begin{vmatrix}a&0&1\\1&a&1\\1&2&a\end{vmatrix}=4$，则$\begin{vmatrix}1&a&1\\1&2&a\\a&b&0\end{vmatrix}=$________.

D_{21}（观察研究对象），发现它们的联系

【解】应填 8.

由于$\begin{vmatrix}a&0&1\\1&a&1\\1&2&a\end{vmatrix}=4\neq 0$，则$r\left(\begin{bmatrix}a&0&1\\1&a&1\\1&2&a\\a&b&0\end{bmatrix}\right)=3$，又已知方程组有解，则$r\left(\left[\begin{array}{ccc:c}a&0&1&1\\1&a&1&0\\1&2&a&0\\a&b&0&2\end{array}\right]\right)=3$，即

D_{22}（转换等价表述）

$$\begin{vmatrix}a&0&1&1\\1&a&1&0\\1&2&a&0\\a&b&0&2\end{vmatrix}=0,$$

有（本讲的“一、1.注中的（2）①”）

$$-\begin{vmatrix}1&a&1\\1&2&a\\a&b&0\end{vmatrix}+2\begin{vmatrix}a&0&1\\1&a&1\\1&2&a\end{vmatrix}=0,$$

故

$$\begin{vmatrix}1&a&1\\1&2&a\\a&b&0\end{vmatrix}=8.$$

【注】本题为什么不用常规思路呢？若本题按“含参数方程组”的常规思路讨论参数a，b，最后进行行列式的计算，会十分烦琐，与命题考查的意图南辕北辙 . 读者可以想到常规的“含参数方程组”求解的是通解或参数，而本题求的是$\begin{vmatrix}1&a&1\\1&2&a\\a&b&0\end{vmatrix}$的值，显然，可以从具体型行列式计算的角度入手 .

D_{23}（化归经典形式）

2. 加边法

对于某些一开始不宜使用“互换”“倍乘”“倍加”性质的行列式，可以考虑使用加边法：n阶行列式中添加一行、一列升至$n+1$阶行列式 . 若添加在第 1 列，且添加的是$[1,0,\cdots,0]^{\mathrm{T}}$，则第 1 行其余元素可以任意添加，行列式的值不变，即

$$D_n=\begin{vmatrix}a_{11}&a_{12}&\cdots&a_{1n}\\a_{21}&a_{22}&\cdots&a_{2n}\\\vdots&\vdots&&\vdots\\a_{n1}&a_{n2}&\cdots&a_{nn}\end{vmatrix}=\begin{vmatrix}1&*&*&\cdots&*\\0&a_{11}&a_{12}&\cdots&a_{1n}\\0&a_{21}&a_{22}&\cdots&a_{2n}\\\vdots&\vdots&\vdots&&\vdots\\0&a_{n1}&a_{n2}&\cdots&a_{nn}\end{vmatrix},$$

其中 * 处元素可以任意添加 . 观察原行列式元素的规律性，选择合适的元素填入 * 处，可以使行列式的计算更为简便 .

例 1.3 设$\boldsymbol{\alpha}=[x_1, x_2, \cdots, x_n]^{\mathrm{T}}\neq \mathbf{0}$，则 $|\boldsymbol{\alpha}\boldsymbol{\alpha}^{\mathrm{T}}+\boldsymbol{E}|=$________.

【解】应填 $1+\sum\limits_{i=1}^{n}x_i^2$.

等价表述体系块

法一

$$|\boldsymbol{\alpha}\boldsymbol{\alpha}^{\mathrm{T}}+\boldsymbol{E}|=\begin{vmatrix}1+x_1^2 & x_1x_2 & \cdots & x_1x_n\\ x_2x_1 & 1+x_2^2 & \cdots & x_2x_n\\ \vdots & \vdots & & \vdots\\ x_nx_1 & x_nx_2 & \cdots & 1+x_n^2\end{vmatrix}_n \xlongequal{(*)} \begin{vmatrix}1 & x_1 & x_2 & \cdots & x_n\\ 0 & 1+x_1^2 & x_1x_2 & \cdots & x_1x_n\\ 0 & x_2x_1 & 1+x_2^2 & \cdots & x_2x_n\\ \vdots & \vdots & \vdots & & \vdots\\ 0 & x_nx_1 & x_nx_2 & \cdots & 1+x_n^2\end{vmatrix}_{n+1}$$

（$(-x_1)$倍加至，$(-x_2)$倍加至，……，$(-x_n)$倍加至）

$$=\begin{vmatrix}1 & x_1 & x_2 & \cdots & x_n\\ -x_1 & 1 & 0 & \cdots & 0\\ -x_2 & 0 & 1 & \cdots & 0\\ \vdots & \vdots & \vdots & & \vdots\\ -x_n & 0 & 0 & \cdots & 1\end{vmatrix}_{n+1}=\begin{vmatrix}1+\sum\limits_{i=1}^{n}x_i^2 & x_1 & \cdots & x_n\\ 0 & 1 & \cdots & 0\\ \vdots & \vdots & & \vdots\\ 0 & 0 & \cdots & 1\end{vmatrix}_{n+1}=1+\sum_{i=1}^{n}x_i^2 .$$

（x_1倍加至，x_2倍加至，……，x_n倍加至）

法二 因为 $\boldsymbol{\alpha}\boldsymbol{\alpha}^{\mathrm{T}}$ 的特征值为$\sum\limits_{i=1}^{n}x_i^2$，0，0，$\cdots$，0，这里有 $n-1$ 个特征值 0，于是 $\boldsymbol{\alpha}\boldsymbol{\alpha}^{\mathrm{T}}+\boldsymbol{E}$ 的特征值为$1+\sum\limits_{i=1}^{n}x_i^2$，1，1，$\cdots$，1，这里有 $n-1$ 个特征值 1. 再由第 7 讲的“一、(2)”知，$|\boldsymbol{\alpha}\boldsymbol{\alpha}^{\mathrm{T}}+\boldsymbol{E}|=$

$$\left(1+\sum_{i=1}^{n}x_i^2\right)\times 1\times 1\times\cdots\times 1=1+\sum_{i=1}^{n}x_i^2 .$$

【注】(*) 处来自加边法 .

（D_1（常规操作）$+D_{21}$（观察研究对象））

3. 递推法（高阶→低阶）

(1) 建立递推公式，即建立 D_n 与 D_{n-1} 的关系，有些复杂的题甚至要建立 D_n，D_{n-1} 与 D_{n-2} 的关系 .

(2) D_{n-1} 与 D_n 要有完全相同的元素分布规律，只是 D_{n-1} 比 D_n 低了一阶 .

4. 数学归纳法（低阶→高阶）（P_3（数学归纳））

涉及 n 阶行列式的证明型计算问题，即告知行列式计算结果，让考生证明之，可考虑数学归纳法 .

(1) 第一数学归纳法（适用于 $F(D_n, D_{n-1})=0$）：

①验证当 $n=1$ 时，命题成立；

②假设当 $n=k\ (\geqslant 2)$ 时，命题成立；

③证明当 $n=k+1$ 时，命题成立 .

则命题对任意正整数 n 成立 .

(2) 第二数学归纳法（适用于 $F(D_n, D_{n-1}, D_{n-2})=0$）：

①验证当 $n=1$ 和 $n=2$ 时，命题成立；

②假设当 $n<k$ 时，命题成立；

③证明当 $n=k$（$\geqslant 3$）时，命题成立 .

则命题对任意正整数 n 成立 .

例 1.4 $D_n=\begin{vmatrix} b & -1 & 0 & \cdots & 0 & 0 \\ 0 & b & -1 & \cdots & 0 & 0 \\ \vdots & \vdots & \vdots & & \vdots & \vdots \\ 0 & 0 & 0 & \cdots & b & -1 \\ a_n & a_{n-1} & a_{n-2} & \cdots & a_2 & b+a_1 \end{vmatrix}=$ ________.

【解】应填 $b^n+a_1b^{n-1}+a_2b^{n-2}+\cdots+a_{n-1}b+a_n$.

递推法 . 按第 1 列展开，得

D_{21}（观察研究对象）

$$D_n=b\begin{vmatrix} b & -1 & 0 & \cdots & 0 & 0 \\ 0 & b & -1 & \cdots & 0 & 0 \\ \vdots & \vdots & \vdots & & \vdots & \vdots \\ a_{n-1} & a_{n-2} & a_{n-3} & \cdots & a_2 & b+a_1 \end{vmatrix}_{n-1}+(-1)^{n+1}a_n\begin{vmatrix} -1 & 0 & \cdots & 0 & 0 \\ b & -1 & \cdots & 0 & 0 \\ \vdots & \vdots & & \vdots & \vdots \\ 0 & 0 & \cdots & b & -1 \end{vmatrix}_{n-1}$$

$$=bD_{n-1}+a_n.$$

下面做递推，得

$$\begin{aligned} D_n&=bD_{n-1}+a_n=b\left(bD_{n-2}+a_{n-1}\right)+a_n=b^2D_{n-2}+a_{n-1}b+a_n \\ &=b^2\left(bD_{n-3}+a_{n-2}\right)+a_{n-1}b+a_n \\ &=\cdots=b^{n-1}D_1+a_2b^{n-2}+\cdots+a_{n-1}b+a_n, \end{aligned}$$

其中 $D_1\overset{(*)}{=\!=}b+a_1$，故 $D_n=b^n+a_1b^{n-1}+a_2b^{n-2}+\cdots+a_{n-1}b+a_n$.

【注】(1)(*) 处提醒考生注意，D_n 的元素分布规律应从右下角往左上看，写出 D_k（$k=1,2,\cdots,n-1,n$）供考生参考：

$$D_k=\begin{vmatrix} b & -1 & 0 & \cdots & 0 & 0 \\ 0 & b & -1 & \cdots & 0 & 0 \\ \vdots & \vdots & \vdots & & \vdots & \vdots \\ 0 & 0 & 0 & \cdots & b & -1 \\ a_k & a_{k-1} & a_{k-2} & \cdots & a_2 & b+a_1 \end{vmatrix}.$$

→ 异爪形行列式

事实上，选第 1 列展开是基于 D_n 的这种元素分布规律，若选第 n 列展开，余子式便不是 D_{n-1}，破坏了元素分布规律，无法建立递推公式 .

(2) 本题也可用第一数学归纳法做 . 由

$$D_1=b+a_1,$$

$$D_2=\begin{vmatrix} b & -1 \\ a_2 & b+a_1 \end{vmatrix}=b^2+a_1b+a_2,$$

D_{21}（观察研究对象）

设
$$D_k=b^k+a_1b^{k-1}+\cdots+a_{k-1}b+a_k, \qquad ①$$
现在来看 D_{k+1}. 将 D_{k+1} 按第 1 列展开，由上述解析，知
$$D_{k+1}=bD_k+a_{k+1}, \qquad ②$$
将归纳假设①式代入②式，得
$$\begin{aligned}D_{k+1}&=b\left(b^k+a_1b^{k-1}+\cdots+a_{k-1}b+a_k\right)+a_{k+1}\\&=b^{k+1}+a_1b^k+\cdots+a_{k-1}b^2+a_kb+a_{k+1},\end{aligned}$$
因此①式对任何正整数 k 都成立，即得
$$D_n=b^n+a_1b^{n-1}+\cdots+a_{n-1}b+a_n.$$

例 1.5 证明：n 阶行列式
$$D_n=\begin{vmatrix}2a&1&0&\cdots&0&0\\a^2&2a&1&\cdots&0&0\\0&a^2&2a&\cdots&0&0\\\vdots&\vdots&\vdots&&\vdots&\vdots\\0&0&0&\cdots&2a&1\\0&0&0&\cdots&a^2&2a\end{vmatrix}=(n+1)a^n.$$

【证】用第二数学归纳法.

当 $n=1$ 时，$D_1=2a=(1+1)a^1$，命题成立.

当 $n=2$ 时，$D_2=\begin{vmatrix}2a&1\\a^2&2a\end{vmatrix}=4a^2-a^2=3a^2=(2+1)a^2$，命题成立.

假设当 $n<k$ 时，命题成立，则当 $n=k(\geqslant3)$ 时，D_k 按第 1 列展开，得
$$\begin{aligned}D_k&=2aD_{k-1}+(-1)^{1+2}a^2\begin{vmatrix}1&0&0&\cdots&0&0\\a^2&2a&1&\cdots&0&0\\0&a^2&2a&\cdots&0&0\\\vdots&\vdots&\vdots&&\vdots&\vdots\\0&0&0&\cdots&2a&1\\0&0&0&\cdots&a^2&2a\end{vmatrix}_{k-1}\\&=2aD_{k-1}-a^2D_{k-2}\\&=2a(k-1+1)a^{k-1}-a^2(k-2+1)a^{k-2}=(k+1)a^k,\end{aligned}$$
得证，命题成立.

【注】一般来说，当命题直接要求计算行列式时，优先考虑递推法，如例 1.4；当命题给出行列式的结果，要求证明时，优先考虑数学归纳法，如例 1.5.

二、抽象型行列式的计算：a_{ij}未给出（O_2（盯住目标 2））

1. 用行列式的性质

用行列式的性质将所求行列式进一步化成已知行列式.

2. 用矩阵知识

（1）设 $C=AB$，A，B 为同阶方阵，则 $|C|=|AB|=|A||B|$.

【注】要善于发现 AB，如 $A=[\alpha_1,\alpha_2,\alpha_3]$，$B=\begin{bmatrix} a & b & b \\ b & a & b \\ b & b & a \end{bmatrix}$，$C=\begin{bmatrix} 1 & 2 & 3 \\ 2 & 3 & 4 \\ 3 & 4 & 5 \end{bmatrix}$.（$D_{23}$（化归经典形式））

令

$$D_1=[a\alpha_1+b(\alpha_2+\alpha_3),\ a\alpha_2+b(\alpha_1+\alpha_3),\ a\alpha_3+b(\alpha_1+\alpha_2)]=AB;$$

$$D_2=[\alpha_1+2\alpha_2+3\alpha_3,\ 2\alpha_1+3\alpha_2+4\alpha_3,\ 3\alpha_1+4\alpha_2+5\alpha_3]=AC.$$

这样利于使用 $|D_1|=|A||B|$，$|D_2|=|A||C|$.

（2）设 $C=A+B$，A，B 为同阶方阵，则 $|C|=|A+B|$，但由于 $|A+B|$ 不一定等于 $|A|+|B|$，故需对 $|A+B|$ 作恒等变形，转化为矩阵乘积的行列式. 这里的恒等变形一般是：①由题设条件，如 $E=AA^{\mathrm{T}}$；②用 $E=AA^{-1}$ 等.（D_{23}（化归经典形式））（D_{22}（转换等价表述））

例 1.6 设 A，B 为 n 阶正交矩阵，则 n 为奇数时，$|(A-B)(A+B)|=$________.

【解】应填 0.

（$=E$（D_{22}（转换等价表述）））

$$|(A-B)(A+B)|=|(A-B)^{\mathrm{T}}(A+B)|=|A^{\mathrm{T}}A-B^{\mathrm{T}}A+A^{\mathrm{T}}B-B^{\mathrm{T}}B|=|A^{\mathrm{T}}B-B^{\mathrm{T}}A|,$$

又 $|(A-B)(A+B)|=|(A+B)^{\mathrm{T}}(A-B)|=(-1)^n|A^{\mathrm{T}}B-B^{\mathrm{T}}A|$，故当 n 为奇数时，$|(A-B)(A+B)|=0$.

【注】$|A|=0$ 可由以下条件推知.

① $|A|=k|A|$，$k\neq 1$，常考 $|A|=(-1)^n|A|$（n 为奇数）.

② A 有特征值 0.

③ $A_{n\times n}x=\mathbf{0}$ 有非零解.

④ $r(A_{n\times n})<n$.

⑤ A 的极大无关组成员个数 $<n$（也即 A 的行（列）向量组线性相关）.

⑥实在不行，或显而易见时，立即推——放弃考研！不，用反证法，设 A 可逆，即 $|A|\neq 0$，推得矛盾，即可得证！

（D_1（常规操作）$+D_{23}$（化归经典形式））

（3）设 A 为 n 阶矩阵，则 $|A^*|=|A|^{n-1}$，$|(A^*)^*|=||A|^{n-2}A|=|A|^{(n-1)^2}$. 更全面的公式总结在第 3 讲的“四、2.（2）”处.

例 1.7 设 A 是 4 阶矩阵，且其伴随矩阵 A^* 的特征值为 1，−1，−2，4，则 $|A^3+2A^2-A-3E|=$ ________.

【解】应填 $-\dfrac{253}{8}$.

由于 $|A^*|=1\times(-1)\times(-2)\times 4=8\neq 0$，可知 A^* 可逆，于是 A 可逆．又 $|A^*|=|A|^{n-1}=|A|^3=8$，得 $|A|=2$. 故 A 的特征值 $\lambda_A=\dfrac{|A|}{\lambda_{A^*}}$，即为 2，−2，−1，$\dfrac{1}{2}$.

见第7讲的"一、(3) ①"中的表格：$f(A)$的特征值为$f(\lambda)$

设 $f(A)=A^3+2A^2-A-3E$，则 $f(A)$ 的特征值为

$$f(2)=2^3+2\times 2^2-2-3=11,$$

$$f(-2)=(-2)^3+2\times(-2)^2+2-3=-1,$$

$$f(-1)=-1+2+1-3=-1,$$

$$f\left(\frac{1}{2}\right)=\left(\frac{1}{2}\right)^3+2\times\left(\frac{1}{2}\right)^2-\frac{1}{2}-3=-\frac{23}{8},$$

故
$$|A^3+2A^2-A-3E|=f(2)\cdot f(-2)\cdot f(-1)\cdot f\left(\frac{1}{2}\right)=-\frac{253}{8}.$$

3. 用相似理论 → D_1（常规操作）$+D_{22}$（转换等价表述）

若 A 相似于 B，则 $|A|=|B|$，且 $|A|=\prod\limits_{i=1}^{n}\lambda_i$，主要考：

（1）用行列式 $|\lambda E-A|=0$ 求特征值；

（2）用特征值求行列式．

例 1.8 设 $A=k\begin{bmatrix}1 & a & a & \cdots & a\\ a & 1 & a & \cdots & a\\ \vdots & \vdots & \vdots & & \vdots\\ a & a & a & \cdots & 1\end{bmatrix}_{n\times n}$，$0<a\leqslant 1$，$k>0$，求 A 的最大特征值．

【解】
$$|\lambda E-A|=\begin{vmatrix}\lambda-k & -ka & \cdots & -ka\\ -ka & \lambda-k & \cdots & -ka\\ \vdots & \vdots & & \vdots\\ -ka & -ka & \cdots & \lambda-k\end{vmatrix}=[\lambda-k+(n-1)(-ka)](\lambda-k+ka)^{n-1}=0,$$

用好公式：$\begin{bmatrix}a & b & \cdots & b\\ b & a & \cdots & b\\ \vdots & \vdots & \ddots & \vdots\\ b & b & \cdots & a\end{bmatrix}=[a+(n-1)b](a-b)^{n-1}$

故 $\lambda_1=k+(n-1)ka=k[1+(n-1)a]$(单重)，$\lambda_2=k-ka=k(1-a)$($n-1$重)．

由 $1+(n-1)a>1-a$，$k>0$，故最大特征值为 $k[1+(n-1)a]$．

第2讲 余子式和代数余子式的计算

三向解题法

余子式和代数余子式的计算
（O（盯住目标））

用行列式
（D_1（常规操作）+ D_{21}（观察研究对象））

$$a_{i1}A_{i1}+a_{i2}A_{i2}+\cdots+a_{in}A_{in}=\begin{vmatrix} & * & \\ a_{i1} & a_{i2} & \cdots & a_{in} \\ & * & \end{vmatrix}$$

大 A 配小 a，逆用展开式

$$k_1A_{i1}+k_2A_{i2}+\cdots+k_nA_{in}=\begin{vmatrix} & * & \\ k_1 & k_2 & \cdots & k_n \\ & * & \end{vmatrix}$$

大 A 配小 k，k 把小 a 吃

用矩阵
（D_1（常规操作）+ D_{22}（转换等价表述））

当 $|\boldsymbol{A}|\neq 0$ 时，$\boldsymbol{A}^*=|\boldsymbol{A}|\boldsymbol{A}^{-1}$，即可求任一 A_{ij}

用特征值
（D_1（常规操作）+ D_{22}（转换等价表述））

设 $\boldsymbol{A}$ 为 3 阶方阵，当 $\boldsymbol{A}$ 为可逆矩阵时，记其特征值为 λ_1，λ_2，λ_3，则 $A_{11}+A_{22}+A_{33}=\operatorname{tr}(\boldsymbol{A}^*)=\lambda_1^*+\lambda_2^*+\lambda_3^*=\lambda_2\lambda_3+\lambda_1\lambda_3+\lambda_1\lambda_2$

一、用行列式（D_1（常规操作）+D_{21}（观察研究对象））

由

$$a_{i1}A_{i1}+a_{i2}A_{i2}+\cdots+a_{in}A_{in}=\begin{vmatrix} & * & \\ a_{i1} & a_{i2} & \cdots & a_{in} \\ & * & \end{vmatrix},$$

得

$$k_1A_{i1}+k_2A_{i2}+\cdots+k_nA_{in}=\begin{vmatrix} & * & \\ k_1 & k_2 & \cdots & k_n \\ & * & \end{vmatrix},$$

其中 * 处表示元素不变. 上面两式的区别仅在于第 i 行的元素 a_{i1}，a_{i2}，…，a_{in} 换成了 k_1，k_2，…，k_n，这样，给出不同的系数 k_1，k_2，…，k_n，就得到不同的行列式.

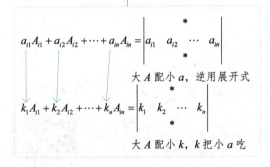

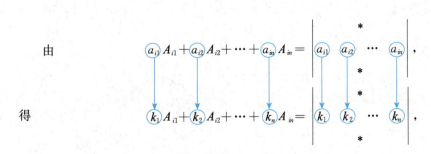

【注】若要求 $k_1M_{i1}+k_2M_{i2}+\cdots+k_nM_{in}$，只需用 $M_{ij}=(-1)^{i+j}A_{ij}$ 化为关于 A_{ij} 的线性组合即可.

例 2.1 设 $\begin{vmatrix}2&1&0&-1\\-1&2&-5&3\\3&0&a&b\\1&-3&5&0\end{vmatrix}=A_{41}-A_{42}+A_{43}+10$，其中 A_{ij} 为元素 a_{ij} 的代数余子式，则 a，b 的值为（　　）.

（A）$a=4$，$b=1$　（B）$a=1$，$b=4$　（C）$a=4$，b 为任意常数　（D）$a=1$，b 为任意常数

【解】应选（C）.

D_{21}（观察研究对象）

$$A_{41}-A_{42}+A_{43}=1\cdot A_{41}+(-1)\cdot A_{42}+1\cdot A_{43}+0\cdot A_{44}=\begin{vmatrix}2&1&0&-1\\-1&2&-5&3\\3&0&a&b\\1&-1&1&0\end{vmatrix},$$

故

$$\begin{vmatrix}2&1&0&-1\\-1&2&-5&3\\3&0&a&b\\1&-3&5&0\end{vmatrix}-(A_{41}-A_{42}+A_{43})=\begin{vmatrix}2&1&0&-1\\-1&2&-5&3\\3&0&a&b\\1&-3&5&0\end{vmatrix}-\begin{vmatrix}2&1&0&-1\\-1&2&-5&3\\3&0&a&b\\1&-1&1&0\end{vmatrix}=\begin{vmatrix}2&1&0&-1\\-1&2&-5&3\\3&0&a&b\\0&-2&4&0\end{vmatrix}$$

第4行对应元素相减　　2倍加至

$$=\begin{vmatrix}2&1&2&-1\\-1&2&-1&3\\3&0&a&b\\0&-2&0&0\end{vmatrix}=(-2)\begin{vmatrix}2&2&-1\\-1&-1&3\\3&a&b\end{vmatrix}=(-2)\begin{vmatrix}0&0&5\\-1&-1&3\\0&a-3&b+9\end{vmatrix}=10(a-3)=10,$$

按第4行展开　　2倍加至　　3倍加至　　按第1行展开

所以 $a=4$，b 为任意常数. 故选（C）.

二、用矩阵（D_1（常规操作）$+D_{22}$（转换等价表述））

当 $|\boldsymbol{A}|\neq 0$ 时，

$$\boldsymbol{A}^*=|\boldsymbol{A}|\boldsymbol{A}^{-1}.$$

由于 $\boldsymbol{A}^*$ 由 A_{ij} 组成，用上式求出 $\boldsymbol{A}^*$，即得到所有的 A_{ij}. 但要注意，此方法要求 $|\boldsymbol{A}|\neq 0$，这既是前提，也是一种限制.

例 2.2 设 $\boldsymbol{A}=\begin{bmatrix}0&0&0&5&6\\0&0&0&7&8\\1&2&3&0&0\\0&1&4&0&0\\0&0&1&0&0\end{bmatrix}$，则 $|\boldsymbol{A}|$ 中所有元素的代数余子式之和为______.

D_{22}（转换等价表述）

【解】应填 -4.

令 $\boldsymbol{B}=\begin{bmatrix}5&6\\7&8\end{bmatrix}$，$\boldsymbol{C}=\begin{bmatrix}1&2&3\\0&1&4\\0&0&1\end{bmatrix}$，则

由第3讲的“五、2.（6）中的注”知

$$A=\begin{bmatrix}O & B\\ C & O\end{bmatrix},\ A^{-1}=\begin{bmatrix}O & C^{-1}\\ B^{-1} & O\end{bmatrix},$$

其中 $B^{-1}=\begin{bmatrix}-4 & 3\\ \frac{7}{2} & -\frac{5}{2}\end{bmatrix}$，$C^{-1}=\begin{bmatrix}1 & -2 & 5\\ 0 & 1 & -4\\ 0 & 0 & 1\end{bmatrix}$，于是 $|A|=(-1)^{2\times3}|B||C|=(-2)\times1=-2$，且

$$A^*=|A|A^{-1}=-2\begin{bmatrix}O & C^{-1}\\ B^{-1} & O\end{bmatrix}=-2\begin{bmatrix}0 & 0 & 1 & -2 & 5\\ 0 & 0 & 0 & 1 & -4\\ 0 & 0 & 0 & 0 & 1\\ -4 & 3 & 0 & 0 & 0\\ \frac{7}{2} & -\frac{5}{2} & 0 & 0 & 0\end{bmatrix},$$

即 A^* 中元素之和

故 $|A|$ 中所有元素的代数余子式之和为 $\sum\limits_{i=1}^{5}\sum\limits_{j=1}^{5}A_{ij}=-2\times2=-4$.

三、用特征值（D_1（常规操作）$+D_{22}$（转换等价表述））

设 A 为 3 阶方阵，当 A 为可逆矩阵时，记其特征值为 λ_1，λ_2，λ_3，则 A^{-1} 的特征值为 λ_1^{-1}，λ_2^{-1}，λ_3^{-1}，且由 $A^*=|A|A^{-1}=\lambda_1\lambda_2\lambda_3A^{-1}$，可知 A^* 的特征值为

由第7讲的“一、(3) ①”表格

$$\lambda_1^*=\lambda_1\lambda_2\lambda_3\cdot\lambda_1^{-1}=\lambda_2\lambda_3,\ \lambda_2^*=\lambda_1\lambda_2\lambda_3\cdot\lambda_2^{-1}=\lambda_1\lambda_3,\ \lambda_3^*=\lambda_1\lambda_2\lambda_3\cdot\lambda_3^{-1}=\lambda_1\lambda_2,$$

故由 D_{22}（转换等价表述）

$$A^*=\begin{bmatrix}A_{11} & A_{21} & A_{31}\\ A_{12} & A_{22} & A_{32}\\ A_{13} & A_{23} & A_{33}\end{bmatrix},$$

知 $A_{11}+A_{22}+A_{33}=\mathrm{tr}(A^*)=\lambda_1^*+\lambda_2^*+\lambda_3^*=\lambda_2\lambda_3+\lambda_1\lambda_3+\lambda_1\lambda_2$.

这些公式易记、好用，考生应熟知 .

例 2.3 已知 3 阶方阵 A 的特征值为 -1，2，3，则 $A_{11}+A_{22}+A_{33}=$________.

【解】应填 1.

记 $\lambda_1=-1$，$\lambda_2=2$，$\lambda_3=3$，由上述公式，有

$$\begin{aligned}A_{11}+A_{22}+A_{33}&=\mathrm{tr}(A^*)=\lambda_1^*+\lambda_2^*+\lambda_3^*\\&=\lambda_2\lambda_3+\lambda_1\lambda_3+\lambda_1\lambda_2\\&=2\times3+(-1)\times3+(-1)\times2\\&=6-3-2=1.\end{aligned}$$

例 2.4 设$A=(a_{ij})$为 3 阶矩阵，A_{ij}为元素a_{ij}的代数余子式．若A^{-1}的每行元素之和均为 2，且$|A|=3$，则$A_{13}+A_{23}+A_{33}=$________.

→ D_{22}（转换等价表述）

【解】应填 6.

由$A^{-1}\begin{bmatrix}1\\1\\1\end{bmatrix}=2\begin{bmatrix}1\\1\\1\end{bmatrix}$，得$A^{-1}$的一个特征值为 2，故$A$的一个特征值为$\lambda=\frac{1}{2}$，其对应的特征向量为$\alpha=\begin{bmatrix}1\\1\\1\end{bmatrix}$，

则A^*的一个特征值为$\frac{|A|}{\lambda}=6$，其对应的特征向量也为$\alpha=\begin{bmatrix}1\\1\\1\end{bmatrix}$．由$A^*\alpha=\frac{|A|}{\lambda}\alpha$，$A^*=\begin{bmatrix}A_{11}&A_{21}&A_{31}\\A_{12}&A_{22}&A_{32}\\A_{13}&A_{23}&A_{33}\end{bmatrix}$，得

$A^*\begin{bmatrix}1\\1\\1\end{bmatrix}=\begin{bmatrix}A_{11}+A_{21}+A_{31}\\A_{12}+A_{22}+A_{32}\\A_{13}+A_{23}+A_{33}\end{bmatrix}=6\begin{bmatrix}1\\1\\1\end{bmatrix}=\begin{bmatrix}6\\6\\6\end{bmatrix}$，即$A_{13}+A_{23}+A_{33}=6$.

第3讲 矩阵运算

三向解题法

- 矩阵运算（O（盯住目标））
  - 1. 矩阵乘法的形状大观（D_1（常规操作）＋D_{23}（化归经典形式））
  - 2. 证$A=O$（O_1（盯住目标1）＋D_1（常规操作）＋D_{23}（化归经典形式））
  - 3. 计算A^n（O_2（盯住目标2）＋D_1（常规操作）＋D_{23}（化归经典形式））
  - 4. $A^{\mathrm{T}}A$，A^*，A^{-1}与初等矩阵（O_3（盯住目标3）＋D_1（常规操作）+D_2(脱胎换骨））
  - 5. 分块矩阵（O_4（盯住目标4）＋D_1（常规操作）+D_{23}（化归经典形式））
  - 6. 求解矩阵方程（O_5（盯住目标5）＋D_1（常规操作）+D_2(脱胎换骨））

1. 矩阵乘法的形状大观（D_1（常规操作）＋D_{23}（化归经典形式））

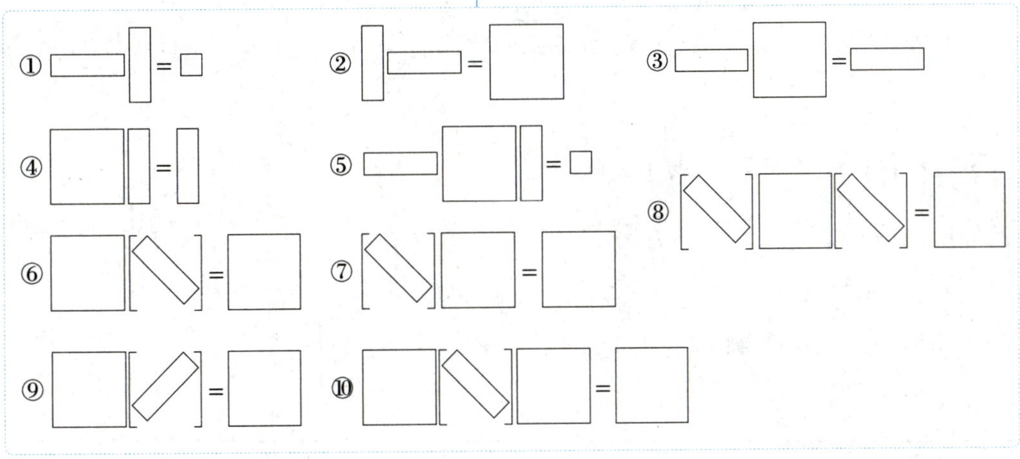

3. 计算 A^n
（O_2（盯住目标2）+ D_1（常规操作）+D_{23}（化归经典形式））

- A 为方阵且 $r(A)=1$
- 试算 A^2（或 A^3），找规律
- $A \xlongequal{\text{分解}} B+C$
- 用初等矩阵知识求 $P_1^m A P_2^n$
- 用相似理论求 A^n

4. $A^{\mathrm{T}}A$，A^*，A^{-1} 与初等矩阵
（O_3（盯住目标3）+ D_1（常规操作）+ D_2（脱胎换骨））

- $A^{\mathrm{T}}A$
- A^*
- A^{-1}
- 初等矩阵

5. 分块矩阵
（O_4（盯住目标4）+ D_1（常规操作）+D_{23}（化归经典形式））

- 定义
- 运算
- $AB=C$

6. 求解矩阵方程
（O_5（盯住目标5）+ D_1（常规操作）+D_2（脱胎换骨））

- 定义
- 化简
- 求解

一、矩阵乘法的形状大观
（D_1（常规操作）+D_{23}（化归经典形式））

形式化归体系块

1. 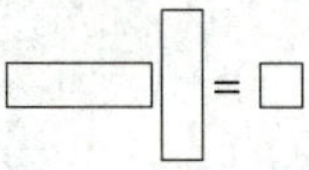（内积：大小 + 角度；列 1 阵：行向求和，如 $[x_1, x_2, x_3]\begin{bmatrix}1\\1\\1\end{bmatrix}=x_1+x_2+x_3$；行 1 阵：列向求和，如 $[1,1,1]\begin{bmatrix}x_1\\x_2\\x_3\end{bmatrix}=x_1+x_2+x_3$.）

对比可知，“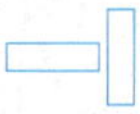”的结果比“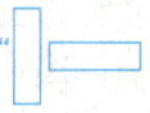”的结果要简单得多

2. 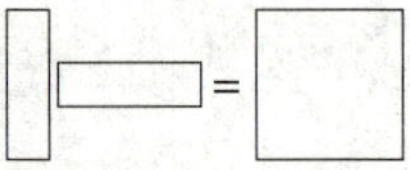（列 1 阵：行向量复制，如 $\begin{bmatrix}1\\1\\1\end{bmatrix}\boldsymbol{\alpha}^{\mathrm{T}}=\begin{bmatrix}\boldsymbol{\alpha}^{\mathrm{T}}\\\boldsymbol{\alpha}^{\mathrm{T}}\\\boldsymbol{\alpha}^{\mathrm{T}}\end{bmatrix}$；行 1 阵：列向量复制，如 $\boldsymbol{\beta}[1,1,1]=[\boldsymbol{\beta},\boldsymbol{\beta},\boldsymbol{\beta}]$；秩 1 阵，如 $\boldsymbol{A}=\boldsymbol{\alpha}\boldsymbol{\beta}^{\mathrm{T}}$，$\boldsymbol{A}^n=[\mathrm{tr}(\boldsymbol{A})]^{n-1}\boldsymbol{A}$.）

3. 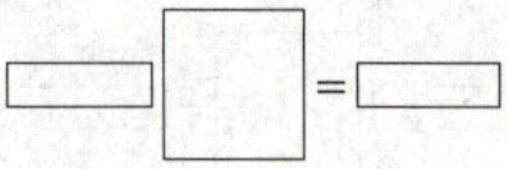（行 1 阵：列向求和，如 $\frac{1}{3}[1,1,1]\begin{bmatrix}x_{11}&x_{12}&x_{13}\\x_{21}&x_{22}&x_{23}\\x_{31}&x_{32}&x_{33}\end{bmatrix}=\left[\frac{1}{3}\sum_{i=1}^{3}x_{i1},\frac{1}{3}\sum_{i=1}^{3}x_{i2},\frac{1}{3}\sum_{i=1}^{3}x_{i3}\right]=[\bar{x}_1,\bar{x}_2,\bar{x}_3]\xlongequal{\Delta}\boldsymbol{EX}$，质心阵.）

4. 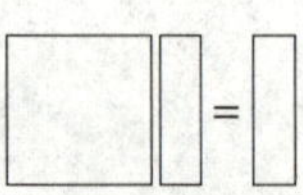（列 1 阵：行向求和，如 $\begin{bmatrix}x_{11}&x_{12}&x_{13}\\x_{21}&x_{22}&x_{23}\\x_{31}&x_{32}&x_{33}\end{bmatrix}\begin{bmatrix}1\\1\\1\end{bmatrix}=\begin{bmatrix}\sum_{j=1}^{3}x_{1j}\\\sum_{j=1}^{3}x_{2j}\\\sum_{j=1}^{3}x_{3j}\end{bmatrix}$.）

5. 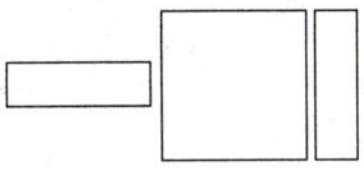 $=\square$.（行 1、列 1 夹逼阵：全求和，如$[1,1,1]\begin{bmatrix}x_{11}&x_{12}&x_{13}\\x_{21}&x_{22}&x_{23}\\x_{31}&x_{32}&x_{33}\end{bmatrix}\begin{bmatrix}1\\1\\1\end{bmatrix}=\sum_{i=1}^{3}\sum_{j=1}^{3}x_{ij}=a$，且该形式 a 代表它是一个1×1的矩阵，即普通量，于是$a^{\mathrm{T}}=a$.）

6. 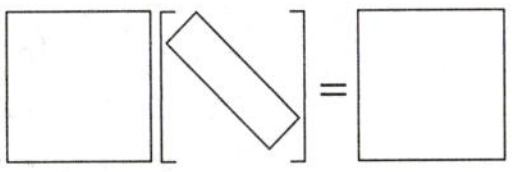.（列放缩，如$[\boldsymbol{\alpha}_1,\boldsymbol{\alpha}_2,\boldsymbol{\alpha}_3]\begin{bmatrix}\lambda_1&&\\&\lambda_2&\\&&\lambda_3\end{bmatrix}=[\lambda_1\boldsymbol{\alpha}_1,\lambda_2\boldsymbol{\alpha}_2,\lambda_3\boldsymbol{\alpha}_3]$.）

7. 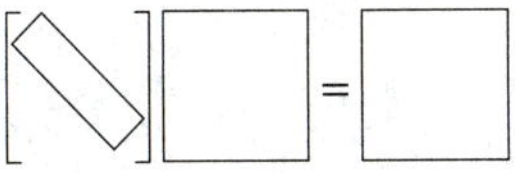.（行放缩，如$\begin{bmatrix}\lambda_1&&\\&\lambda_2&\\&&\lambda_3\end{bmatrix}\begin{bmatrix}\boldsymbol{\beta}_1\\\boldsymbol{\beta}_2\\\boldsymbol{\beta}_3\end{bmatrix}=\begin{bmatrix}\lambda_1\boldsymbol{\beta}_1\\\lambda_2\boldsymbol{\beta}_2\\\lambda_3\boldsymbol{\beta}_3\end{bmatrix}$.）

$\boldsymbol{\beta}_i(i=1,2,3)$为行向量

8. 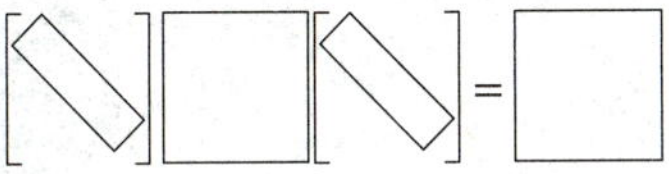.（行、列放缩，如$\begin{bmatrix}\lambda_1&\\&\lambda_2\end{bmatrix}\begin{bmatrix}a_{11}&a_{12}\\a_{21}&a_{22}\end{bmatrix}\begin{bmatrix}\lambda_1&\\&\lambda_2\end{bmatrix}=\begin{bmatrix}\lambda_1^2a_{11}&\lambda_1\lambda_2a_{12}\\\lambda_1\lambda_2a_{21}&\lambda_2^2a_{22}\end{bmatrix}$.）

9. 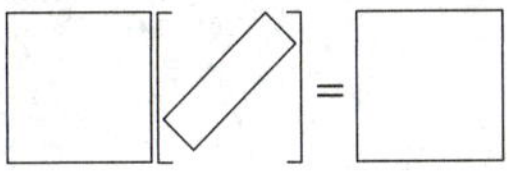.（副 1 阵：换列阵，如$[\boldsymbol{\alpha}_1,\boldsymbol{\alpha}_2,\boldsymbol{\alpha}_3]\begin{bmatrix}&&1\\&1&\\1&&\end{bmatrix}=[\boldsymbol{\alpha}_3,\boldsymbol{\alpha}_2,\boldsymbol{\alpha}_1]$.）

【注】$[\boldsymbol{\alpha}_1,\boldsymbol{\alpha}_2,\boldsymbol{\alpha}_3,\boldsymbol{\alpha}_4]\begin{bmatrix}0&0&0&1\\0&1&0&0\\0&0&1&0\\1&0&0&0\end{bmatrix}=[\boldsymbol{\alpha}_4,\boldsymbol{\alpha}_2,\boldsymbol{\alpha}_3,\boldsymbol{\alpha}_1]$.

10. 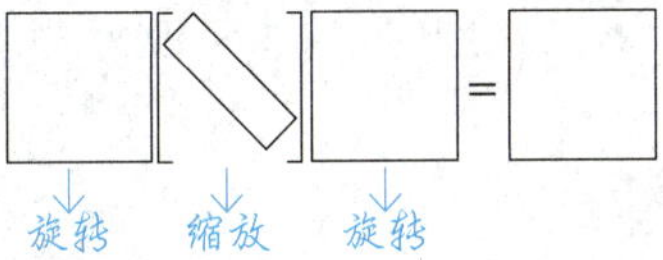

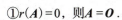

.（相似变换，如$\begin{bmatrix}1&1&1\\0&1&1\\0&0&1\end{bmatrix}\begin{bmatrix}1&&\\&2&\\&&3\end{bmatrix}\begin{bmatrix}1&-1&0\\0&1&-1\\0&0&1\end{bmatrix}=\begin{bmatrix}1&1&1\\0&2&1\\0&0&3\end{bmatrix}$.）

形式化归体系块

二、证$\boldsymbol{A}=\boldsymbol{O}$

（O_1（盯住目标 1）$+\mathrm{D}_1$（常规操作）$+\mathrm{D}_{23}$（化归经典形式））

证$\boldsymbol{A}=\boldsymbol{O}$，可考虑由如下角度获得.

①$r(\boldsymbol{A})=0$，则$\boldsymbol{A}=\boldsymbol{O}$.

②$r(\boldsymbol{A})<n-1$，则$\boldsymbol{A}^*=\boldsymbol{O}$.

③$\mathrm{tr}(\boldsymbol{A}\boldsymbol{A}^{\mathrm{T}})=0$，则$\boldsymbol{A}=\boldsymbol{O}$. 思考一下为什么？答案在本讲的“四、1.②”

④$\boldsymbol{A}$ 的行向量与$\boldsymbol{B}$ 的列向量均正交，则$\boldsymbol{AB}=\begin{bmatrix}\boldsymbol{\alpha}_1\\\vdots\\\boldsymbol{\alpha}_n\end{bmatrix}[\boldsymbol{\beta}_1,\cdots,\boldsymbol{\beta}_m]=\boldsymbol{O}$.

例 3.1 设A为 3 阶实矩阵，$(A^{\mathrm{T}}-A)A=O$，证明$A=A^{\mathrm{T}}$.

【证】令$B=A^{\mathrm{T}}-A$，则

$$\begin{aligned}BB^{\mathrm{T}}&=(A^{\mathrm{T}}-A)(A-A^{\mathrm{T}})=A^{\mathrm{T}}A-(A^{\mathrm{T}})^2-A^2+AA^{\mathrm{T}}\\&=AA^{\mathrm{T}}-(A^{\mathrm{T}})^2=AA^{\mathrm{T}}-(A^2)^{\mathrm{T}}\\&=AA^{\mathrm{T}}-A^{\mathrm{T}}A,\end{aligned}$$

故$\mathrm{tr}(BB^{\mathrm{T}})=\mathrm{tr}(AA^{\mathrm{T}})-\mathrm{tr}(A^{\mathrm{T}}A)=0$，因此$B=O$，即$A=A^{\mathrm{T}}$.

三、计算A^n

（O_2（盯住目标 2）+ D_1（常规操作）+D_{23}（化归经典形式））

由 $m\times n$ 个数 a_{ij}（$i=1, 2, \cdots, m$；$j=1, 2, \cdots, n$）排成的 m 行 n 列的矩形表格

$$\begin{bmatrix}a_{11}&a_{12}&\cdots&a_{1n}\\a_{21}&a_{22}&\cdots&a_{2n}\\\vdots&\vdots&&\vdots\\a_{m1}&a_{m2}&\cdots&a_{mn}\end{bmatrix}$$

称为一个 $m\times n$ 矩阵，简记为 A 或（a_{ij}）$_{m\times n}$. 当 $m=n$ 时，称 A 为 n 阶方阵.

1. A 为方阵且$r(A)=1$

若a_i，b_i（i=1，2，3）不全为0，$A=\begin{bmatrix}a_1b_1&a_1b_2&a_1b_3\\a_2b_1&a_2b_2&a_2b_3\\a_3b_1&a_3b_2&a_3b_3\end{bmatrix}=\begin{bmatrix}a_1\\a_2\\a_3\end{bmatrix}[b_1, b_2, b_3]\xlongequal{\text{记}}\alpha\beta^{\mathrm{T}}$，则$r(A)=1$，且

$$A^n=(\alpha\beta^{\mathrm{T}})(\alpha\beta^{\mathrm{T}})\cdots(\alpha\beta^{\mathrm{T}})=\alpha(\beta^{\mathrm{T}}\alpha)(\beta^{\mathrm{T}}\alpha)\cdots(\beta^{\mathrm{T}}\alpha)\beta^{\mathrm{T}}=\left(\sum_{i=1}^{3}a_ib_i\right)^{n-1}A=[\mathrm{tr}(A)]^{n-1}A.$$

对于 m（$m>3$）阶方阵，若 $r(A)=1$，同样有$A^n=[\mathrm{tr}(A)]^{n-1}A$.

例 3.2 设 $A=\begin{bmatrix}2&6&-4\\-1&-3&2\\3&9&-6\end{bmatrix}$，则 $A^{10}=$________.

【解】应填 $-7^9\begin{bmatrix}2&6&-4\\-1&-3&2\\3&9&-6\end{bmatrix}$.

由题可得 $A=\begin{bmatrix}2\\-1\\3\end{bmatrix}[1,3,-2]$，故

注意这种写法，第一列元素是原矩阵各行的比例，且使得其为恒等变形

$$A^{10}=\begin{bmatrix}2\\-1\\3\end{bmatrix}[1,3,-2]\begin{bmatrix}2\\-1\\3\end{bmatrix}[1,3,-2]\cdots\begin{bmatrix}2\\-1\\3\end{bmatrix}[1,3,-2]=(-7)^9A=-7^9\begin{bmatrix}2&6&-4\\-1&-3&2\\3&9&-6\end{bmatrix}.$$

$A^n=[\mathrm{tr}(A)]^{n-1}A$

9个（−7）相乘

2. 试算 A^2（或 A^3），找规律

（1）若 $A^2=kA$，则 $A^n=k^{n-1}A$.（本讲的“三、1.”是这里的特殊情形）.

（2）若 $A^2=kE$，则 $\begin{cases} A^{2n}=k^nE\text{（若}k=-1\text{，则}A^4=E\text{）}, \\ A^{2n+1}=k^nA. \end{cases}$

亦有可能试算 A^3，如 $A^3=kA$，这些次数不会太高.

例 3.3 若 $A=\begin{bmatrix} 1 & a & b \\ 0 & 1 & a \\ 0 & 0 & 1 \end{bmatrix}$，则当 $n\geqslant 2$ 时，$A^n=$________.

【解】应填 $\begin{bmatrix} 1 & na & C_n^2a^2+nb \\ 0 & 1 & na \\ 0 & 0 & 1 \end{bmatrix}$.

试算

$$A^2=\begin{bmatrix} 1 & 2a & a^2+2b \\ 0 & 1 & 2a \\ 0 & 0 & 1 \end{bmatrix},\ A^3=\begin{bmatrix} 1 & 3a & C_3^2a^2+3b \\ 0 & 1 & 3a \\ 0 & 0 & 1 \end{bmatrix},\cdots,$$

归纳得，当 $n\geqslant 2$ 时，$A^n=\begin{bmatrix} 1 & na & C_n^2a^2+nb \\ 0 & 1 & na \\ 0 & 0 & 1 \end{bmatrix}$.

例 3.4 设 $A=\begin{bmatrix} \frac{1}{2} & -\frac{\sqrt{3}}{2} \\ \frac{\sqrt{3}}{2} & \frac{1}{2} \end{bmatrix}$，则 $A^{-11}=$________.

【解】应填 $\begin{bmatrix} \frac{1}{2} & -\frac{\sqrt{3}}{2} \\ \frac{\sqrt{3}}{2} & \frac{1}{2} \end{bmatrix}$.

事实上，$\begin{bmatrix} \cos\theta & -\sin\theta \\ \sin\theta & \cos\theta \end{bmatrix}$ 为正交矩阵，其几何意义为当 $\begin{bmatrix} \cos\theta & -\sin\theta \\ \sin\theta & \cos\theta \end{bmatrix}$ 作用于向量 $\overrightarrow{OP}$ 时，有 $\overrightarrow{OP}$ 绕原点逆时针旋转 θ.

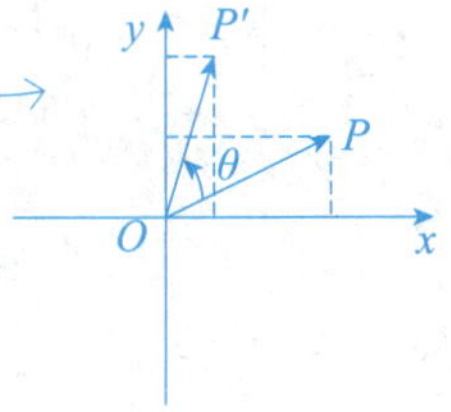

已知$A=\begin{bmatrix}\frac{1}{2} & -\frac{\sqrt{3}}{2}\\ \frac{\sqrt{3}}{2} & \frac{1}{2}\end{bmatrix}=\begin{bmatrix}\cos\frac{\pi}{3} & -\sin\frac{\pi}{3}\\ \sin\frac{\pi}{3} & \cos\frac{\pi}{3}\end{bmatrix}$, $\theta=\frac{\pi}{3}$, 于是$A^3=\begin{bmatrix}-1 & 0\\ 0 & -1\end{bmatrix}$, $A^6=\begin{bmatrix}1 & 0\\ 0 & 1\end{bmatrix}$, $A^{-1}=\begin{bmatrix}\frac{1}{2} & \frac{\sqrt{3}}{2}\\ -\frac{\sqrt{3}}{2} & \frac{1}{2}\end{bmatrix}$（顺时针旋转$\frac{\pi}{3}$），故$A^{11}=A^{12}A^{-1}=A^{-1}$, $A^{-11}=(A^{11})^{-1}=(A^{-1})^{-1}=A$.

【注】考生习惯求A^n，若考题命制A^{-n}，则写$A^{-n}=\left(A^n\right)^{-1}$即可.

3. $A\xlongequal{\text{分解}}B+C$

若$A=B+C$，$BC=CB$，则

$$A^n=(B+C)^n=B^n+nB^{n-1}C+\frac{n(n-1)}{2}B^{n-2}C^2+\cdots+C^n.$$

（1）若$B=E$，则$A^n=E+nC+\frac{n(n-1)}{2}C^2+\cdots+C^n$.

（2）若$BC=CB=O$，则$A^n=B^n+C^n$.

例 3.5 设$A=\begin{bmatrix}1 & 1 & -1\\ 0 & 1 & 1\\ 0 & 0 & 1\end{bmatrix}$，则$A^{10}=$________.

【解】应填$\begin{bmatrix}1 & 10 & 35\\ 0 & 1 & 10\\ 0 & 0 & 1\end{bmatrix}$.

记$A=E+B$，其中$B=\begin{bmatrix}0 & 1 & -1\\ 0 & 0 & 1\\ 0 & 0 & 0\end{bmatrix}$，$B^2=\begin{bmatrix}0 & 0 & 1\\ 0 & 0 & 0\\ 0 & 0 & 0\end{bmatrix}$，$B^3=O$，则

$$\begin{aligned}A^{10}&=(E+B)^{10}=E^{10}+10E^9B+\frac{10\times 9}{2}E^8B^2\\&=\begin{bmatrix}1 & 0 & 0\\ 0 & 1 & 0\\ 0 & 0 & 1\end{bmatrix}+\begin{bmatrix}0 & 10 & -10\\ 0 & 0 & 10\\ 0 & 0 & 0\end{bmatrix}+\begin{bmatrix}0 & 0 & 45\\ 0 & 0 & 0\\ 0 & 0 & 0\end{bmatrix}\\&=\begin{bmatrix}1 & 10 & 35\\ 0 & 1 & 10\\ 0 & 0 & 1\end{bmatrix}.\end{aligned}$$

【注】因为A只有1个线性无关的特征向量，所以不可相似对角化，故不能用$A^n=P\Lambda^nP^{-1}$求A^n.

4. 用初等矩阵知识求 $P_1^m A P_2^n$

若 P_1，P_2 均为初等矩阵，m，n 为正整数，则 $P_1^m A P_2^n$ 表示先对 A 作了与 P_1 相同的初等行变换，且重复 m 次；再对 $P_1^m A$ 作了与 P_2 相同的初等列变换，且重复 n 次．若再综合，可考 $P_1^{\mathrm{T}} A P_2^2$，$P_1^{-2} A P_2^{\mathrm{T}}$，$P_1^3 A P_2^{-3}$ 等．

例 3.6 $\begin{bmatrix}1 & 0\\ -1 & 1\end{bmatrix}^3\begin{bmatrix}1 & 2\\ -1 & 3\end{bmatrix}\begin{bmatrix}0 & 1\\ 1 & 0\end{bmatrix}^{-5}=$________.

【解】应填 $\begin{bmatrix}2 & 1\\ -3 & -4\end{bmatrix}$.

记 $A=\begin{bmatrix}1 & 2\\ -1 & 3\end{bmatrix}$，$B=\begin{bmatrix}1 & 0\\ -1 & 1\end{bmatrix}$，$C=\begin{bmatrix}0 & 1\\ 1 & 0\end{bmatrix}$，则 B^3A 是将 A 的第 1 行的（-1）倍加到第 2 行，重复 3 次，故 $B^3A=\begin{bmatrix}1 & 2\\ -4 & -3\end{bmatrix}$．又 $C^{-5}=(C^5)^{-1}=C^5$，故 B^3AC^{-5} 是将 B^3A 的第 1 列与第 2 列互换，重复 5 次，即只互换 1 次，故

$$原式=B^3AC^5=\begin{bmatrix}2 & 1\\ -3 & -4\end{bmatrix}.$$

5. 用相似理论求 A^n

（1）若 $A\sim B$，即 $P^{-1}AP=B$，则 $A=PBP^{-1}$，$A^n=PB^nP^{-1}$.

（2）若 $A\sim\Lambda$，即 $P^{-1}AP=\Lambda$，则 $A=P\Lambda P^{-1}$，$A^n=P\Lambda^nP^{-1}$.

例 3.7 设 A，B，C 均是 3 阶矩阵，且满足 $AB=B^2-BC$，其中 $B=\begin{bmatrix}1 & 1 & 1\\ 0 & 1 & 1\\ 0 & 0 & 1\end{bmatrix}$，$C=\begin{bmatrix}0 & 1 & 1\\ 0 & 0 & 1\\ 0 & 0 & 1\end{bmatrix}$，则 $A^{99}=$________.

【解】应填 $\begin{bmatrix}1 & 0 & -1\\ 0 & 1 & -1\\ 0 & 0 & 0\end{bmatrix}$.

由 $|B|=\begin{vmatrix}1 & 1 & 1\\ 0 & 1 & 1\\ 0 & 0 & 1\end{vmatrix}=1\neq 0$，知 B 可逆，且由 $AB=B^2-BC=B(B-C)$，得 $A=B(B-C)B^{-1}$. 于是

$$A^{99}=B(B-C)B^{-1}B(B-C)B^{-1}\cdots B(B-C)B^{-1}=B(B-C)^{99}B^{-1}.$$

又由
$$[B,E]=\left[\begin{array}{ccc:ccc}1 & 1 & 1 & 1 & 0 & 0\\ 0 & 1 & 1 & 0 & 1 & 0\\ 0 & 0 & 1 & 0 & 0 & 1\end{array}\right]\to\left[\begin{array}{ccc:ccc}1 & 0 & 0 & 1 & -1 & 0\\ 0 & 1 & 0 & 0 & 1 & -1\\ 0 & 0 & 1 & 0 & 0 & 1\end{array}\right]=[E,B^{-1}],$$

故 $B^{-1}=\begin{bmatrix}1&-1&0\\0&1&-1\\0&0&1\end{bmatrix}$.

最好能熟悉甚至记住下面注的结论

$$B-C=\begin{bmatrix}1&&\\&1&\\&&0\end{bmatrix},$$

故

$$A^{99}=\begin{bmatrix}1&1&1\\0&1&1\\0&0&1\end{bmatrix}\begin{bmatrix}1&&\\&1&\\&&0\end{bmatrix}^{99}\begin{bmatrix}1&-1&0\\0&1&-1\\0&0&1\end{bmatrix}=\begin{bmatrix}1&1&1\\0&1&1\\0&0&1\end{bmatrix}\begin{bmatrix}1&&\\&1&\\&&0\end{bmatrix}\begin{bmatrix}1&-1&0\\0&1&-1\\0&0&1\end{bmatrix}$$

$$=\begin{bmatrix}1&1&1\\0&1&1\\0&0&1\end{bmatrix}\begin{bmatrix}1&-1&0\\0&1&-1\\0&0&0\end{bmatrix}=\begin{bmatrix}1&0&-1\\0&1&-1\\0&0&0\end{bmatrix}.$$

【注】$A^{-1}=\begin{bmatrix}1&-1&0&\cdots&0&0\\0&1&-1&\cdots&0&0\\0&0&1&\cdots&0&0\\\vdots&\vdots&\vdots&&\vdots&\vdots\\0&0&0&\cdots&1&-1\\0&0&0&\cdots&0&1\end{bmatrix}_n$ 与 $A=\begin{bmatrix}1&1&1&\cdots&1&1\\0&1&1&\cdots&1&1\\0&0&1&\cdots&1&1\\\vdots&\vdots&\vdots&&\vdots&\vdots\\0&0&0&\cdots&1&1\\0&0&0&\cdots&0&1\end{bmatrix}_n$ 互为逆矩阵.

更进一步地，$A^{-1}=\begin{bmatrix}a&-1&0&\cdots&0&0\\0&a&-1&\cdots&0&0\\0&0&a&\cdots&0&0\\\vdots&\vdots&\vdots&&\vdots&\vdots\\0&0&0&\cdots&a&-1\\0&0&0&\cdots&0&a\end{bmatrix}_n$ 与 $A=\begin{bmatrix}\frac{1}{a}&\frac{1}{a^2}&\frac{1}{a^3}&\cdots&\frac{1}{a^{n-1}}&\frac{1}{a^n}\\0&\frac{1}{a}&\frac{1}{a^2}&\cdots&\frac{1}{a^{n-2}}&\frac{1}{a^{n-1}}\\0&0&\frac{1}{a}&\cdots&\frac{1}{a^{n-3}}&\frac{1}{a^{n-2}}\\\vdots&\vdots&\vdots&&\vdots&\vdots\\0&0&0&\cdots&\frac{1}{a}&\frac{1}{a^2}\\0&0&0&\cdots&0&\frac{1}{a}\end{bmatrix}_n$ $(a\neq 0)$互为逆矩阵.

这在矩阵中具有重要地位.

四、$A^{\mathrm{T}}A$，A^*，A^{-1}与初等矩阵

（O_3（盯住目标3）+ D_1（常规操作）+D_2（脱胎换骨））

1. $A^{\mathrm{T}}A$

这里A为n阶实矩阵，称$A^{\mathrm{T}}A$为格拉姆矩阵.

以 3 阶矩阵为例，记$A=[\alpha_1,\alpha_2,\alpha_3]$，则$A^T=\begin{bmatrix}\alpha_1^T\\ \alpha_2^T\\ \alpha_3^T\end{bmatrix}$，于是

$$A^TA=\begin{bmatrix}\|\alpha_1\|^2 & (\alpha_1,\alpha_2) & (\alpha_1,\alpha_3)\\ (\alpha_2,\alpha_1) & \|\alpha_2\|^2 & (\alpha_2,\alpha_3)\\ (\alpha_3,\alpha_1) & (\alpha_3,\alpha_2) & \|\alpha_3\|^2\end{bmatrix}.$$

①若$A^TA=\begin{bmatrix}1&0&0\\0&2&0\\0&0&3\end{bmatrix}$，则$\|\alpha_1\|=1$，$\|\alpha_2\|=\sqrt{2}$，$\|\alpha_3\|=\sqrt{3}$，且$\alpha_1,\alpha_2,\alpha_3$两两正交．

②若$\operatorname{tr}(A^TA)=0$，则$\|\alpha_1\|^2+\|\alpha_2\|^2+\|\alpha_3\|^2=0$，于是$\alpha_1=\alpha_2=\alpha_3=0$，即$A=O$．

③$A^TAx=0$与$Ax=0$同解．

④$r(A)=r(A^T)=r(A^TA)=r(AA^T)$．

详见第9讲的"七、2."

⑤设$A^TA=B$，其中B为已知的正定矩阵，如何求A？

由条件知存在可逆矩阵P，使得$P^TBP=E$．

隐含条件体系块

由于$A^TA=B$，则$x^TA^TAx=x^TBx$，即$(Ax)^TAx=x^TBx$，令$f=x^TAx\xlongequal[x=Py]{\text{配方法}}y^TP^TBPy=y^TEy=y^Ty$，

故$y=Ax$，又$x=Py$，即$A=P^{-1}$．

2. A^*

（1）定义．

$$A^*=\begin{bmatrix}A_{11}&A_{21}&\cdots&A_{n1}\\A_{12}&A_{22}&\cdots&A_{n2}\\ \vdots&\vdots&&\vdots\\A_{1n}&A_{2n}&\cdots&A_{nn}\end{bmatrix},$$

其中A_{ij}是a_{ij}的代数余子式，A^*叫作A的伴随矩阵．

（2）公式．

设A，B为n（$n\geqslant2$）阶矩阵，其中⑤，⑥，⑦要求A可逆，则

① $AA^*=A^*A=|A|E$.

② $|A^*|=|A|^{n-1}$.

③ $(A^T)^*=(A^*)^T$.

④ $(kA)^*=k^{n-1}A^*$，$(-A)^*=(-1)^{n-1}A^*$.

⑤ $A^{-1}=\dfrac{1}{|A|}A^*$.

⑥ $A^*=|A|A^{-1}$.

⑦ $(A^*)^{-1}=\frac{1}{|A|}A=(A^{-1})^*$.

⑧ $(A^*)^*=|A|^{n-2}A$.

⑨ $|(A^*)^*|=|A|^{(n-1)^2}$.

⑩ $(AB)^*=B^*A^*$.

【注】**证** 当 $|AB|\neq 0$ 时，$(AB)^*=|AB|(AB)^{-1}=|B|B^{-1}|A|A^{-1}=B^*A^*$.

这个证明方法为"扰动法"

当 $|AB|=0$ 时，令 $A_1=A+tE$，$B_1=B+tE$，使 $|A_1B_1|=|(A+tE)(B+tE)|\neq 0$.

于是 $(A_1B_1)^*=B_1^*A_1^*$，因上式两边的元素均为 t 的连续函数，令 $t\to 0$，有 $(AB)^*=B^*A^*$.

其中，**扰动法（摄动法）**：在 n 阶矩阵 B 满足某条件 T 时，令 $A+tE=B$，显然 $A+tE$ 亦满足条件 T. 由于在考研范围内，$A+tE$ 的元素均是 t 的多项式，也即 t 的连续函数，故当 $t\to 0$ 时，$A+tE\to A$，即 A 亦满足条件.

⑪ 若 $r(A)=n-1$，则 $(A^*)^n=[\mathrm{tr}(A^*)]^{n-1}A^*$.

例 3.8 设 A，B 为 n 阶矩阵，则以下结论中，正确的个数是（　　）.

①若 $AB=BA$，则 $A^*B=BA^*$；

②若 A 与 B 等价，则 A^* 与 B^* 等价；

③若 A 与 B 相似，则 A^* 与 B^* 相似；

④若 A 与 B 合同，则 A^* 与 B^* 合同.

（A）1　　（B）2　　（C）3　　（D）4

【解】应选（D）.

对于①，当 A 可逆时，在等式 $AB=BA$ 两端左边乘 A^* 且右边乘 A^*，得 $A^*ABA^*=A^*BAA^*$.

由 $AA^*=A^*A=|A|E$，可得 $|A|BA^*=|A|A^*B$. 又 $|A|\neq 0$，得 $BA^*=A^*B$.

当 A 不可逆时，令 $A_1=A+tE$，使得 $|A+tE|\neq 0$，即 $A+tE$ 可逆. 此时

$$A_1B=(A+tE)B=AB+tB=BA+tB=B(A+tE)=BA_1,$$

于是，$A_1^*B=BA_1^*$，即

$$(A+tE)^*B=B(A+tE)^*.$$

因上式是关于 t 的连续函数，令 $t\to 0$，有 $A^*B=BA^*$. 故①正确.

对于②，因为 A 与 B 等价的充要条件是 $r(A)=r(B)$. 由 A 与 A^* 的秩的关系，可知

$$r(A^*)=\begin{cases}n, & r(A)=n,\\ 1, & r(A)=n-1,\\ 0, & r(A)<n-1.\end{cases}$$

所以$r(A^*)=r(B^*)$，则A^*与B^*等价．故②正确．

对于③，当A可逆时，由A与B相似，可知存在可逆矩阵P，使得$P^{-1}AP=B$且$|A|=|B|$．对$P^{-1}AP=B$两边取逆可得$B^{-1}=P^{-1}A^{-1}P$，所以$|B|B^{-1}=P^{-1}|A|A^{-1}P$，即$B^*=P^{-1}A^*P$，可得$A^*$与$B^*$相似．

当A不可逆时，可知B也不可逆．

令$A_1=A+tE$，$B_1=B+tE$，使A_1，B_1均可逆．由A与B相似，可得A_1与B_1相似，故A_1^*与B_1^*相似．因A_1^*，B_1^*均是t的连续函数，令$t\to 0$，有A^*与B^*相似．可知③正确．

对应④，当A可逆时，由A与B合同，可知B可逆，则存在可逆矩阵C，使得$C^{\mathrm T}AC=B$，等式两边同时取逆得$B^{-1}=C^{-1}A^{-1}(C^{-1})^{\mathrm T}$，则

$$\frac{|A|}{|B|}|B|B^{-1}=C^{-1}|A|A^{-1}(C^{-1})^{\mathrm T},$$

即$\frac{|A|}{|B|}B^*=C^{-1}A^*(C^{-1})^{\mathrm T}$，可知$A^*$与$\frac{|A|}{|B|}B^*$合同，又$\frac{|A|}{|B|}B^*$与$B^*$合同，由合同的传递性，可得$A^*$与$B^*$合同．

当A不可逆时，B也不可逆，令$A_1=A+tE$，$B_1=B+tE$，使得A_1，B_1可逆．由A与B合同可得A_1与B_1合同，故A_1^*与B_1^*合同．因A_1^*，B_1^*均是t的连续函数，令$t\to 0$，有A^*与B^*合同．可知④正确．

例 3.9 设A，B为$n(n\geqslant 2)$阶可逆矩阵，则下列说法中不正确的是（　　）．

（A）$\begin{bmatrix} A & O \\ O & B \end{bmatrix}^*=\begin{bmatrix} |B|A^* & O \\ O & |A|B^* \end{bmatrix}$　　（B）$\begin{bmatrix} O & A \\ B & O \end{bmatrix}^*=(-1)^{n^2}\begin{bmatrix} O & |A|B^* \\ |B|A^* & O \end{bmatrix}$

（C）$\begin{bmatrix} A & C \\ O & B \end{bmatrix}^*=\begin{bmatrix} |B|A^* & -A^*CB^* \\ O & |A|B^* \end{bmatrix}$　　（D）$\begin{bmatrix} A & O \\ C & B \end{bmatrix}^*=\begin{bmatrix} |B|A^* & O \\ -A^*CB^* & |A|B^* \end{bmatrix}$

【解】应选（D）．

对于A的伴随矩阵A^*，具有性质$AA^*=A^*A=|A|E$，下面只需验证四个选项是否满足此性质．

对于选项（A），

$$\begin{bmatrix} A & O \\ O & B \end{bmatrix}\begin{bmatrix} |B|A^* & O \\ O & |A|B^* \end{bmatrix}=\begin{bmatrix} A|B|A^* & O \\ O & B|A|B^* \end{bmatrix}=\begin{bmatrix} |A||B|E_n & O \\ O & |B||A|E_n \end{bmatrix}=\begin{vmatrix} A & O \\ O & B \end{vmatrix}\begin{bmatrix} E_n & O \\ O & E_n \end{bmatrix}.$$

对于选项（B），

$$(-1)^{n^2}\begin{bmatrix} O & A \\ B & O \end{bmatrix}\begin{bmatrix} O & |A|B^* \\ |B|A^* & O \end{bmatrix}=(-1)^{n^2}\begin{bmatrix} A|B|A^* & O \\ O & B|A|B^* \end{bmatrix}$$

$$=(-1)^{n^2}\begin{bmatrix} |A||B|E_n & O \\ O & |B||A|E_n \end{bmatrix}=\begin{vmatrix} O & A \\ B & O \end{vmatrix}\begin{bmatrix} E_n & O \\ O & E_n \end{bmatrix}.$$

对于选项（C），

$$\begin{bmatrix} A & C \\ O & B \end{bmatrix}\begin{bmatrix} |B|A^* & -A^*CB^* \\ O & |A|B^* \end{bmatrix}=\begin{bmatrix} A|B|A^* & -AA^*CB^*+C|A|B^* \\ O & B|A|B^* \end{bmatrix}=\begin{bmatrix} |A||B|E_n & O \\ O & |A||B|E_n \end{bmatrix}=\begin{vmatrix} A & C \\ O & B \end{vmatrix}\begin{bmatrix} E_n & O \\ O & E_n \end{bmatrix}.$$

对于选项（D），

$$\begin{bmatrix} A & O \\ C & B \end{bmatrix}\begin{bmatrix} |B|A^* & O \\ -A^*CB^* & |A|B^* \end{bmatrix}=\begin{bmatrix} |A||B|E & O \\ |B|CA^*-BA^*CB^* & |A||B|E \end{bmatrix}\neq\begin{vmatrix} A & O \\ C & B \end{vmatrix}\begin{bmatrix} E_n & O \\ O & E_n \end{bmatrix}.$$

则只有（D）选项不满足伴随矩阵的性质，故本题选（D）.

（3）秩.

隐含条件体系块

设 A 是 n 阶方阵，A^* 是 A 的伴随矩阵，则 $r(A^*)=\begin{cases} n, & r(A)=n, \\ 1, & r(A)=n-1, \\ 0, & r(A)<n-1. \end{cases}$

【注】进一步地，设 A 为 n（$n>1$）阶方阵，关于 $(A^*)^*$ 的结论：

①当 $n=2$ 时，$(A^*)^*=A$；

②当 $n>2$ 时，若 A 是可逆矩阵，则 $(A^*)^*=|A|^{n-2}A$；

③当 $n>2$ 时，若 A 是不可逆矩阵，则 $(A^*)^*=O$.

例 3.10 已知 3 阶行列式 $|A|$ 的元素 a_{ij} 均为实数，且 a_{ij} 不全为 0. 若

$$a_{ij}=-A_{ij}\ (i,\ j=1,\ 2,\ 3),$$

→D_{21}（观察研究对象）+D_{22}（转换等价表述）

其中 A_{ij} 是 a_{ij} 的代数余子式，则 $|A|=$________.

【解】应填 −1.

由 $A^T=\begin{bmatrix} a_{11} & a_{21} & a_{31} \\ a_{12} & a_{22} & a_{32} \\ a_{13} & a_{23} & a_{33} \end{bmatrix}$，$A^*=\begin{bmatrix} A_{11} & A_{21} & A_{31} \\ A_{12} & A_{22} & A_{32} \\ A_{13} & A_{23} & A_{33} \end{bmatrix}$，$a_{ij}=-A_{ij}$，得 $A^*=-A^T$. 于是 $|A^*|=|-A^T|$，即 $|A|^{3-1}=(-1)^3|A|$，也即 $|A|^2=-|A|$，故

$$|A|(|A|+1)=0. \qquad (*)$$

由 a_{ij} 不全为 0 知，存在 $a_{kj}\neq 0$，将行列式 $|A|$ 按第 k 行展开，得

$$|A|=a_{k1}A_{k1}+a_{k2}A_{k2}+a_{k3}A_{k3}=-a_{k1}^2-a_{k2}^2-a_{k3}^2<0,$$

故由（*）式知，$|A|=-1$.

例3.11 设 n 阶矩阵 A 满足 $|A|=1$，其元素 $a_{ij}=-a_{ji}$，$i,j=1,2,\cdots,n$，n 维列向量 $x=[1,1,\cdots,1]^T$，则 $x^TA^*x=$________.

→D_{21}（观察研究对象）+D_{22}（转换等价表述）

【解】应填 0.

由 $a_{ij}=-a_{ji}$，有 $A^T=-A$，故 $|A^T|=(-1)^n|A|$，当 n 为奇数时，$|A|=0$，与题设矛盾，故 n 为偶数. 于是

$$(A^*)^T=(A^T)^*=(-A)^*\overset{(*)}{=\!=}(-1)^{n-1}A^*=-A^*,$$

故 $A_{ij}=-A_{ji}$，$i,j=1,2,\cdots,n$. 于是

$$\boldsymbol{x}^{\mathrm{T}}\boldsymbol{A}^{*}\boldsymbol{x}=[1,\ 1,\ \cdots,\ 1](A_{ji})_{n\times n}\begin{bmatrix}1\\ \vdots\\ 1\end{bmatrix}=\sum_{j=1}^{n}\sum_{i=1}^{n}A_{ij}=0 .$$

【注】(*) 处，$(-\boldsymbol{A})^{*}=|-\boldsymbol{A}|(-\boldsymbol{A})^{-1}=(-1)^{n}|\boldsymbol{A}|(-1)^{-1}\boldsymbol{A}^{-1}=(-1)^{n-1}|\boldsymbol{A}|\boldsymbol{A}^{-1}=(-1)^{n-1}\boldsymbol{A}^{*}$.

3. $\boldsymbol{A}^{-1}$

(1) 定义.

对于方阵 $\boldsymbol{A}$，$\boldsymbol{B}$，若 $\boldsymbol{AB}=\boldsymbol{E}$，则 $\boldsymbol{A}$，$\boldsymbol{B}$ 互为逆矩阵，且 $\boldsymbol{A}^{-1}=\boldsymbol{B}$，$\boldsymbol{B}^{-1}=\boldsymbol{A}$，$\boldsymbol{AB}=\boldsymbol{BA}$.

(2) 性质.

① $(\boldsymbol{A}^{-1})^{-1}=\boldsymbol{A}$.

② $(\boldsymbol{AB})^{-1}=\boldsymbol{B}^{-1}\boldsymbol{A}^{-1}$（穿脱原则）.

③ $k\neq 0$，$(k\boldsymbol{A})^{-1}=\dfrac{1}{k}\boldsymbol{A}^{-1}$.

④ $(\boldsymbol{A}^{\mathrm{T}})^{-1}=(\boldsymbol{A}^{-1})^{\mathrm{T}}$.

⑤ $|\boldsymbol{A}^{-1}|=\dfrac{1}{|\boldsymbol{A}|}$.

(3) 求 $\boldsymbol{A}^{-1}$.

① 具体型.

a. $\boldsymbol{A}^{-1}=\dfrac{1}{|\boldsymbol{A}|}\boldsymbol{A}^{*}$.

b. $[\boldsymbol{A},\ \boldsymbol{E}]\xrightarrow{\text{初等行变换}}[\boldsymbol{E},\ \boldsymbol{A}^{-1}]$.

② 抽象型.

a. 由题设式子恒等变形，创造 $\boldsymbol{AB}=\boldsymbol{E}$，则 $\boldsymbol{A}^{-1}=\boldsymbol{B}$.

b. 由题设式子恒等变形，创造 $\boldsymbol{A}=\boldsymbol{BC}$，若 $\boldsymbol{B}$，$\boldsymbol{C}$ 均可逆，则 $\boldsymbol{A}^{-1}=\boldsymbol{C}^{-1}\boldsymbol{B}^{-1}$.

(4) $\boldsymbol{A}_{n\times n}$ 可逆的充要条件大观. → D_{22}（转换等价表述），这是线性代数考题中“脱胎换骨”的核心，若对于一个知识点有多种等价说法或对于一个命题有多种充要条件，那么这里的 D_{22}（转换等价表述）就成了极为重要的考点

$\boldsymbol{A}_{n\times n}$ 可逆 $\Leftrightarrow$ ①存在方阵 $\boldsymbol{B}$，使 $\boldsymbol{AB}=\boldsymbol{BA}=\boldsymbol{E}$
$\Leftrightarrow$ ②存在 $\boldsymbol{B}$，使 $\boldsymbol{BA}=\boldsymbol{E}$
$\Leftrightarrow$ ③存在 $\boldsymbol{B}$，使 $\boldsymbol{AB}=\boldsymbol{E}$
（①～③）与定义联系

$\Leftrightarrow$ ④ $|\boldsymbol{A}|\neq 0$——与行列式联系

$\Leftrightarrow$ ⑤ $\boldsymbol{A}$ 的等价标准形为 $\boldsymbol{E}$
$\Leftrightarrow$ ⑥ $\boldsymbol{A}$ 可经初等行变换化为 $\boldsymbol{E}$（即 $\boldsymbol{P}_s\cdots\boldsymbol{P}_1\boldsymbol{A}=\boldsymbol{E}$）
$\Leftrightarrow$ ⑦ $\boldsymbol{A}$ 可经初等列变换化为 $\boldsymbol{E}$（即 $\boldsymbol{AP}_1\cdots\boldsymbol{P}_s=\boldsymbol{E}$）
$\Leftrightarrow$ ⑧ $\boldsymbol{A}$ 可分解为若干个初等矩阵乘积
（⑤～⑧）与初等变换、初等矩阵联系

（以上）等价表述体系块

等价表述体系块

$\Leftrightarrow$⑨ $r(\boldsymbol{A})=n$

$\Leftrightarrow$⑩ $\forall \boldsymbol{C}_{n\times s}$，$r(\boldsymbol{AC})=r(\boldsymbol{C})$

$\Leftrightarrow$⑪ $\forall \boldsymbol{C}_{n\times n}$，$r(\boldsymbol{AC})=r(\boldsymbol{C})$

$\Leftrightarrow$⑫ $\forall \boldsymbol{C}_{n\times n}$，$r(\boldsymbol{CA})=r(\boldsymbol{C})$

$\Leftrightarrow$⑬ $\forall \boldsymbol{C}_{s\times n}$，$r(\boldsymbol{CA})=r(\boldsymbol{C})$

（⑨～⑬）与秩联系

$\Leftrightarrow$⑭ $\boldsymbol{Ax}=\boldsymbol{0}$ 只有零解

$\Leftrightarrow$⑮ $\forall \boldsymbol{\beta}_{n\times 1}$，$\boldsymbol{Ax}=\boldsymbol{\beta}$ 有唯一解

$\Leftrightarrow$⑯ $\forall \boldsymbol{\beta}_{n\times 1}$，$\boldsymbol{Ax}=\boldsymbol{\beta}$ 有解

$\Leftrightarrow$⑰ $\boldsymbol{AX}=\boldsymbol{O}_{n\times s}$（$\forall s\in \mathbf{Z}^+$）只有零解

$\Leftrightarrow$⑱ $\forall \boldsymbol{C}_{n\times s}$，$\boldsymbol{AX}=\boldsymbol{C}$ 有唯一解

$\Leftrightarrow$⑲ $\forall \boldsymbol{C}_{n\times s}$，$\boldsymbol{AX}=\boldsymbol{C}$ 有解

（⑭～⑲）与方程组的解联系

$\Leftrightarrow$⑳ $\boldsymbol{A}$ 的列向量组线性无关 $\Leftrightarrow$ $\boldsymbol{A}$ 的任一列向量均不能由其余列向量线性表示

$\Leftrightarrow$㉑ $\boldsymbol{A}$ 的行向量组线性无关 $\Leftrightarrow$ $\boldsymbol{A}$ 的任一行向量均不能由其余行向量线性表示

（⑳～㉑）与向量组线性表示联系

$\Leftrightarrow$㉒ $\boldsymbol{A}$ 的列向量组是 $\mathbf{R}^n$ 的一个基

$\Leftrightarrow$㉓ $\boldsymbol{A}$ 的行向量组是 $\mathbf{R}^n$ 的一个基

（㉒～㉓）与基联系（仅数学一）

$\Leftrightarrow$㉔ 0 不是 $\boldsymbol{A}$ 的特征值——与特征值联系

$\Leftrightarrow$㉕ $\boldsymbol{A}^{\mathrm{T}}\boldsymbol{A}$ 正定

$\Leftrightarrow$㉖ $\boldsymbol{A}\boldsymbol{A}^{\mathrm{T}}$ 正定

$\Leftrightarrow$㉗ $\boldsymbol{A}^{\mathrm{T}}\boldsymbol{A}$ 的特征值全为正

$\Leftrightarrow$㉘ $\boldsymbol{A}^{\mathrm{T}}\boldsymbol{A}$ 与 $\boldsymbol{E}$ 合同

$\Leftrightarrow$㉙ $\boldsymbol{A}^{\mathrm{T}}\boldsymbol{A}$ 的正惯性指数为 n

$\Leftrightarrow$㉚ $\boldsymbol{A}^{\mathrm{T}}\boldsymbol{A}$ 的顺序主子式全为正

（㉕～㉚）与正定性联系

例 3.12 设 n 阶方阵 $\boldsymbol{A}$ 满足 $\boldsymbol{A}^3-2\boldsymbol{A}^2+3\boldsymbol{A}-4\boldsymbol{E}=\boldsymbol{O}$，则 $(\boldsymbol{A}-\boldsymbol{E})^{-1}=$______.

【解】应填 $\frac{1}{2}(\boldsymbol{A}^2-\boldsymbol{A}+2\boldsymbol{E})$.

由长除法，得

D_1（常规操作），要熟练

$$
\begin{array}{r|l}
 & \boldsymbol{A}^2-\boldsymbol{A}+2\boldsymbol{E} \\
\boldsymbol{A}-\boldsymbol{E} & \boldsymbol{A}^3-2\boldsymbol{A}^2+3\boldsymbol{A}-4\boldsymbol{E} \\
 & \underline{\boldsymbol{A}^3-\boldsymbol{A}^2} \\
 & -\boldsymbol{A}^2+3\boldsymbol{A}-4\boldsymbol{E} \\
 & \underline{-\boldsymbol{A}^2+\boldsymbol{A}} \\
 & 2\boldsymbol{A}-4\boldsymbol{E} \\
 & \underline{2\boldsymbol{A}-2\boldsymbol{E}} \\
 & -2\boldsymbol{E}
\end{array}
$$

即
$$(A-E)(A^2-A+2E)-2E=O,$$
所以$(A-E)\left[\frac{1}{2}(A^2-A+2E)\right]=E$，故
$$(A-E)^{-1}=\frac{1}{2}(A^2-A+2E).$$

例 3.13 设$A=\begin{bmatrix}0&1&\cdots&1\\1&\ddots&\ddots&\vdots\\\vdots&\ddots&\ddots&1\\1&\cdots&1&0\end{bmatrix}_n$，则$A^{-1}=$________.

【解】应填$\frac{1}{n-1}\begin{bmatrix}2-n&1&\cdots&1\\1&2-n&\cdots&1\\\vdots&\vdots&&\vdots\\1&1&\cdots&2-n\end{bmatrix}_n$.

D_{21}（观察研究对象）$+D_{23}$（化归经典形式）
$$\begin{bmatrix}0&1&1\\1&0&1\\1&1&0\end{bmatrix}+\begin{bmatrix}1&0&0\\0&1&0\\0&0&1\end{bmatrix}=\begin{bmatrix}1\\1\\1\end{bmatrix}[1,1,1],$$
这种“观察”和“化归”是考生要着重训练的

$$A=\begin{bmatrix}1\\\vdots\\1\end{bmatrix}[1,\cdots,1]-E=\alpha\alpha^{\mathrm T}-E,$$

$$\begin{aligned}&(\alpha\alpha^{\mathrm T}-E)(k\alpha\alpha^{\mathrm T}-E)\\&=k\alpha\alpha^{\mathrm T}\alpha\alpha^{\mathrm T}-(1+k)\alpha\alpha^{\mathrm T}+E\\&=[k(n-1)-1]\alpha\alpha^{\mathrm T}+E.\end{aligned}$$

当$k=\frac{1}{n-1}$时，$A\left(\frac{\alpha\alpha^{\mathrm T}}{n-1}-E\right)=E$，故$A^{-1}=\frac{\alpha\alpha^{\mathrm T}}{n-1}-E=\frac{1}{n-1}\begin{bmatrix}2-n&1&\cdots&1\\1&2-n&\cdots&1\\\vdots&\vdots&&\vdots\\1&1&\cdots&2-n\end{bmatrix}_n$.

例 3.14 设A为n阶非零矩阵，E为n阶单位矩阵，若$A^3=O$，则（　　）.

（A）$E-A$不可逆，$E+A$不可逆　　（B）$E-A$不可逆，$E+A$可逆

（C）$E-A$可逆，$E+A$可逆　　（D）$E-A$可逆，$E+A$不可逆

【解】应选（C）.

D_{23}（化归经典形式）

法一　因为$A^3=O$，故$E=E\pm A^3=(E\pm A)(E\mp A+A^2)$，即分别存在矩阵$E-A+A^2$和$E+A+A^2$，使得
$$(E+A)(E-A+A^2)=E,\ (E-A)(E+A+A^2)=E,$$
可知$E-A$与$E+A$都是可逆的，所以应选（C）.

D_{21}（观察研究对象），见到$f(A)=O$，想到$f(\lambda)=0$

法二　设λ是A的实特征值，由$A^3=O$，得$\lambda^3=0$，故$\lambda=0$，所以A的实特征值只有0.于是$E-A$的实特征值只有1，$E+A$的实特征值只有1，故二者均可逆，应选（C）.

【注】法一是利用定义，法二是说明0不是特征值.

4. 初等矩阵

（1）初等矩阵的性质.

① $|E_{ij}|=-1$，$|E_{ij}(k)|=1$，$|E_i(k)|=k$.

② $E_{ij}^T=E_{ij}$，$E_{ij}^T(k)=E_{ji}(k)$，$E_i^T(k)=E_i(k)$.

③ $E_{ij}^{-1}=E_{ij}$，$E_{ij}^{-1}(k)=E_{ij}(-k)$，$E_i^{-1}(k)=E_i\left(\frac{1}{k}\right)$.

④ $E_{ij}^*=|E_{ij}|E_{ij}^{-1}=-E_{ij}$；

$E_{ij}^*(k)=|E_{ij}(k)|E_{ij}^{-1}(k)=E_{ij}(-k)$；

$E_i^*(k)=|E_i(k)|E_i^{-1}(k)=kE_i\left(\frac{1}{k}\right)$.

例 3.15 设 A 是 3 阶可逆矩阵，交换 A 的第 1 列和第 2 列得到 B，A^*，B^* 分别是 A，B 的伴随矩阵，则 B^* 可由（　　）.

（A）A^* 的第 1 列与第 2 列互换得到　　（B）A^* 的第 1 行与第 2 行互换得到

（C）$-A^*$ 的第 1 列与第 2 列互换得到　　（D）$-A^*$ 的第 1 行与第 2 行互换得到

【解】应选（D）.

交换 A 的第 1 列和第 2 列得到 B，即

$$B=AE_{12},$$

由本讲的“四、4.（1）④”可知.

则
$$B^*=(AE_{12})^*=E_{12}^*A^*=-E_{12}A^*=E_{12}(-A^*),$$

故 B^* 可由 $-A^*$ 的第 1 行与第 2 行互换得到，应选（D）.

一个数学工具在若干场合下均可使用，则必考该知识点，一要全面归纳出各种情形，二要区分各种情形下条件、过程、结论的不同

（2）初等变换使用的各种场合.

①用于联系初等变换前、后行列式的关系.

若$E_{ij}A=B$，则$-|A|=|B|$；若$E_i(k)A=B$，则$k|A|=|B|$；若$E_{ij}(k)A=B$，则$|A|=|B|$.

②用于求逆矩阵.

若 A 可逆，则 $[A, E]\xrightarrow{行}[E, A^{-1}]$ 或 $\begin{bmatrix}A\\E\end{bmatrix}\xrightarrow{列}\begin{bmatrix}E\\A^{-1}\end{bmatrix}$.

③用于求矩阵的秩（可行可列）.

④用于解线性方程组.

若$Ax=\beta$，则$[A, \beta]\xrightarrow{行}[PA, P\beta]$.

⑤用于解矩阵方程.

若$AX=B$，且A可逆，则$X=A^{-1}B$，于是$[A, B]\xrightarrow{行}[E, A^{-1}B]$；或若$XA=B$，且$A$可逆，则$X=BA^{-1}$，

于是$\begin{bmatrix}A\\B\end{bmatrix}\xrightarrow{列}\begin{bmatrix}E\\BA^{-1}\end{bmatrix}$. 在求解$P^{-1}AP=B$中的$A$时，可写成$AP=PB$，于是$\begin{bmatrix}P\\PB\end{bmatrix}\xrightarrow{列}\begin{bmatrix}E\\PBP^{-1}\end{bmatrix}=\begin{bmatrix}E\\A\end{bmatrix}$.

例 3.16 设$P=\begin{bmatrix}1&1&3\\1&2&2\\0&0&2\end{bmatrix}$，且$P^{-1}AP=\begin{bmatrix}-1&0&0\\0&-2&0\\0&0&0\end{bmatrix}$，则$A^{99}=$________.

【解】应填$\begin{bmatrix}2^{99}-2&1-2^{99}&2-2^{98}\\2^{100}-2&1-2^{100}&2-2^{99}\\0&0&0\end{bmatrix}$.

令$B=\begin{bmatrix}-1&0&0\\0&-2&0\\0&0&0\end{bmatrix}$，由于$P^{-1}AP=B$，则有$P^{-1}A^{99}P=B^{99}$，即$A^{99}P=PB^{99}$.

又$PB^{99}=\begin{bmatrix}1&1&3\\1&2&2\\0&0&2\end{bmatrix}\begin{bmatrix}(-1)^{99}&0&0\\0&(-2)^{99}&0\\0&0&0\end{bmatrix}=\begin{bmatrix}-1&-2^{99}&0\\-1&-2^{100}&0\\0&0&0\end{bmatrix}$，对$\begin{bmatrix}P\\PB^{99}\end{bmatrix}$进行初等列变换，有

$$\begin{bmatrix}P\\PB^{99}\end{bmatrix}=\begin{bmatrix}1&1&3\\1&2&2\\0&0&2\\-1&-2^{99}&0\\-1&-2^{100}&0\\0&0&0\end{bmatrix}\to\begin{bmatrix}1&0&0\\1&1&-1\\0&0&2\\-1&1-2^{99}&3\\-1&1-2^{100}&3\\0&0&0\end{bmatrix}$$

$$\to\begin{bmatrix}1&0&0\\0&1&0\\0&0&2\\2^{99}-2&1-2^{99}&4-2^{99}\\2^{100}-2&1-2^{100}&4-2^{100}\\0&0&0\end{bmatrix}\to\begin{bmatrix}1&0&0\\0&1&0\\0&0&1\\2^{99}-2&1-2^{99}&2-2^{98}\\2^{100}-2&1-2^{100}&2-2^{99}\\0&0&0\end{bmatrix},$$

故$A^{99}=\begin{bmatrix}2^{99}-2&1-2^{99}&2-2^{98}\\2^{100}-2&1-2^{100}&2-2^{99}\\0&0&0\end{bmatrix}$.

⑥用于求极大线性无关组.

根据初等行变换不改变列向量组的相关性.

a. 作初等行变换，化A为行阶梯形.

$A\to$ 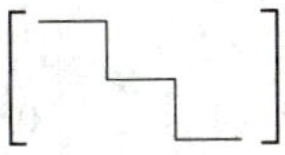 .

b. 若台阶数为r，按列找出r个线性无关的列向量，即为极大线性无关组.

⑦用于求矩阵 $\boldsymbol{A}$ 的等价标准形及分解方法.

设$\boldsymbol{A}_{m\times n}$且 $r(\boldsymbol{A})=r$，则存在可逆矩阵$\boldsymbol{P}_{m\times m}$，$\boldsymbol{Q}_{n\times n}$，使得

$$\boldsymbol{A}=\boldsymbol{P}^{-1}\begin{bmatrix}\boldsymbol{E}_r & \boldsymbol{O}\\ \boldsymbol{O} & \boldsymbol{O}\end{bmatrix}\boldsymbol{Q}^{-1},$$

称$\begin{bmatrix}\boldsymbol{E}_r & \boldsymbol{O}\\ \boldsymbol{O} & \boldsymbol{O}\end{bmatrix}$为 $\boldsymbol{A}$ 的**等价标准形**.

其中求 $\boldsymbol{P}$，$\boldsymbol{Q}$ 的方法为：对$\begin{bmatrix}\boldsymbol{A} & \boldsymbol{E}_m\\ \boldsymbol{E}_n & \boldsymbol{O}\end{bmatrix}$的前 m 行、前 n 列分别作初等行变换、初等列变换化为$\begin{bmatrix}\boldsymbol{S} & \boldsymbol{P}\\ \boldsymbol{Q} & \boldsymbol{O}\end{bmatrix}$，其中$\boldsymbol{S}=\begin{bmatrix}\boldsymbol{E}_r & \boldsymbol{O}\\ \boldsymbol{O} & \boldsymbol{O}\end{bmatrix}$，则 $\boldsymbol{P}$，$\boldsymbol{Q}$ 可逆且 $\boldsymbol{PAQ}=\boldsymbol{S}$.

⑧用于矩阵的满秩分解.

若$\boldsymbol{PAQ}=\begin{bmatrix}\boldsymbol{E}_r & \boldsymbol{O}\\ \boldsymbol{O} & \boldsymbol{O}\end{bmatrix}$，则$\boldsymbol{A}=\boldsymbol{P}^{-1}\begin{bmatrix}\boldsymbol{E}_r & \boldsymbol{O}\\ \boldsymbol{O} & \boldsymbol{O}\end{bmatrix}\boldsymbol{Q}^{-1}$.进一步，$\boldsymbol{A}=\boldsymbol{P}^{-1}\begin{bmatrix}\boldsymbol{E}_r\\ \boldsymbol{O}\end{bmatrix}[\boldsymbol{E}_r,\boldsymbol{O}]\boldsymbol{Q}^{-1}\overset{\text{记}}{=\!=}\boldsymbol{P}_1\boldsymbol{Q}_1$，$\boldsymbol{P}_1$列满秩，$\boldsymbol{Q}_1$行满秩.

【注】(1) 事实上，$\boldsymbol{A}_{m\times n}$列满秩⇔存在可逆矩阵 $\boldsymbol{P}$，使得$\boldsymbol{A}=\boldsymbol{P}\begin{bmatrix}\boldsymbol{E}_n\\ \boldsymbol{O}\end{bmatrix}$.

(2) $\boldsymbol{A}_{m\times n}$ 行满秩⇔存在可逆矩阵 $\boldsymbol{Q}$，使得$\boldsymbol{A}=[\boldsymbol{E}_m,\boldsymbol{O}]\boldsymbol{Q}$.

(3) 还有一个满秩分解的好方法，见例 3.17.

⑨(仅数学一)用于求基和维数，这与⑥概念不同，但方法都一致.

【注】初等变换可行、列混用的场合.

(1) 不考虑对错，想撕卷子的时候.

(2) 计算行列式.

(3) 求矩阵的秩.

(4) 求向量组的秩.

(5) 求矩阵的等价标准形.

(6) 成对初等变换(必须行、列混用).

除此之外，一般是"列拼"行变换(如$[\boldsymbol{A},\boldsymbol{E}]\xrightarrow{\text{行}}[\boldsymbol{E},\boldsymbol{A}^{-1}]$)；"行拼"列变换(如$\begin{bmatrix}\boldsymbol{A}\\ \boldsymbol{E}\end{bmatrix}\xrightarrow{\text{列}}\begin{bmatrix}\boldsymbol{E}\\ \boldsymbol{A}^{-1}\end{bmatrix}$).

例 3.17 已知矩阵$\boldsymbol{A}=\begin{bmatrix}1&1&1&1\\1&1&1&1\\2&1&0&-1\\-1&0&1&2\end{bmatrix}$，$\boldsymbol{B}=\begin{bmatrix}1&1\\1&1\\0&1\\1&0\end{bmatrix}$，$\boldsymbol{A}=\boldsymbol{BC}$. → D_{21}(观察研究对象)+D_{23}(化归经典形式)

（1）求矩阵 $\boldsymbol{C}$；

（2）计算 $\boldsymbol{A}^{10}$. → D_{23}（化归经典形式）

线性代数的研究对象是“向量”，这是解本题的突破口，牢牢抓住一个学科的研究对象是基本思考方向，也是“绝招”之一

【解】（1）$\boldsymbol{A}=\begin{bmatrix}1&1&1&1\\1&1&1&1\\2&1&0&-1\\-1&0&1&2\end{bmatrix}\xlongequal{\text{记}}[\boldsymbol{\alpha}_1,\boldsymbol{\alpha}_2,\boldsymbol{\alpha}_3,\boldsymbol{\alpha}_4]$，对 $[\boldsymbol{\alpha}_1,\boldsymbol{\alpha}_2,\boldsymbol{\alpha}_3,\boldsymbol{\alpha}_4]$ 进行初等行变换，即

$$[\boldsymbol{\alpha}_1,\boldsymbol{\alpha}_2,\boldsymbol{\alpha}_3,\boldsymbol{\alpha}_4]\to\begin{bmatrix}1&0&-1&-2\\0&1&2&3\\0&0&0&0\\0&0&0&0\end{bmatrix}.$$

因为 $\boldsymbol{B}=[\boldsymbol{\alpha}_3,\boldsymbol{\alpha}_2]$，所以取 $\boldsymbol{\alpha}_2,\boldsymbol{\alpha}_3$ 作为 $\boldsymbol{\alpha}_1,\boldsymbol{\alpha}_2,\boldsymbol{\alpha}_3,\boldsymbol{\alpha}_4$ 的一个极大线性无关组，且 $\boldsymbol{\alpha}_1=-\boldsymbol{\alpha}_3+2\boldsymbol{\alpha}_2$，$\boldsymbol{\alpha}_4=2\boldsymbol{\alpha}_3-\boldsymbol{\alpha}_2$，故

$$\boldsymbol{A}=[\boldsymbol{\alpha}_1,\boldsymbol{\alpha}_2,\boldsymbol{\alpha}_3,\boldsymbol{\alpha}_4]=[\boldsymbol{\alpha}_3,\boldsymbol{\alpha}_2]\begin{bmatrix}-1&0&1&2\\2&1&0&-1\end{bmatrix}=\boldsymbol{BC},$$

于是 $\boldsymbol{C}=\begin{bmatrix}-1&0&1&2\\2&1&0&-1\end{bmatrix}$.

见本讲的“一、1.”和“一、2.”

（2）由于 $\boldsymbol{CB}=\begin{bmatrix}-1&0&1&2\\2&1&0&-1\end{bmatrix}\begin{bmatrix}1&1\\1&1\\0&1\\1&0\end{bmatrix}=\begin{bmatrix}1&0\\2&3\end{bmatrix}$，则由

$$|\lambda\boldsymbol{E}-\boldsymbol{CB}|=\begin{vmatrix}\lambda-1&0\\-2&\lambda-3\end{vmatrix}=(\lambda-1)(\lambda-3)=0,$$

解得 $\lambda_1=1$，$\lambda_2=3$.

当 $\lambda_1=1$ 时，由 $(\boldsymbol{E}-\boldsymbol{CB})\boldsymbol{x}=\boldsymbol{0}$，解得 $\boldsymbol{\xi}_1=\begin{bmatrix}1\\-1\end{bmatrix}$；

当 $\lambda_2=3$ 时，由 $(3\boldsymbol{E}-\boldsymbol{CB})\boldsymbol{x}=\boldsymbol{0}$，解得 $\boldsymbol{\xi}_2=\begin{bmatrix}0\\1\end{bmatrix}$.

令 $\boldsymbol{P}=\begin{bmatrix}1&0\\-1&1\end{bmatrix}$，使得 $\boldsymbol{P}^{-1}\boldsymbol{CBP}=\begin{bmatrix}1&0\\0&3\end{bmatrix}$，即 $\boldsymbol{CB}=\boldsymbol{P}\begin{bmatrix}1&0\\0&3\end{bmatrix}\boldsymbol{P}^{-1}$.

$$(\boldsymbol{CB})^9=\boldsymbol{P}\begin{bmatrix}1&0\\0&3\end{bmatrix}^9\boldsymbol{P}^{-1}=\begin{bmatrix}1&0\\-1&1\end{bmatrix}\begin{bmatrix}1&0\\0&3^9\end{bmatrix}\begin{bmatrix}1&0\\1&1\end{bmatrix}=\begin{bmatrix}1&0\\3^9-1&3^9\end{bmatrix},$$

故 → 这是求 $\boldsymbol{A}^n$ 的主要方法，综合性强，尚未考过

$$A^{10}=(BC)^{10}=B(CB)^9C=\begin{bmatrix}1&1\\1&1\\0&1\\1&0\end{bmatrix}\begin{bmatrix}1&0\\3^9-1&3^9\end{bmatrix}\begin{bmatrix}-1&0&1&2\\2&1&0&-1\end{bmatrix}$$

$$=\begin{bmatrix}3^9&3^9\\3^9&3^9\\3^9-1&3^9\\1&0\end{bmatrix}\begin{bmatrix}-1&0&1&2\\2&1&0&-1\end{bmatrix}=\begin{bmatrix}3^9&3^9&3^9&3^9\\3^9&3^9&3^9&3^9\\3^9+1&3^9&3^9-1&3^9-2\\-1&0&1&2\end{bmatrix}.$$

五、分块矩阵

（O_4（盯住目标4）+ D_1（常规操作）+D_{23}（化归经典形式））

1. 定义

用几条横线和纵线把一个矩阵分成若干小块，每一小块称为原矩阵的子块．把子块看作原矩阵的一个元素，就得到了分块矩阵．

如矩阵 $\boldsymbol{A}$ 按行分块：

$$\boldsymbol{A}=\begin{bmatrix}a_{11}&a_{12}&\cdots&a_{1n}\\\hdashline a_{21}&a_{22}&\cdots&a_{2n}\\\hdashline \vdots&\vdots&&\vdots\\\hdashline a_{m1}&a_{m2}&\cdots&a_{mn}\end{bmatrix}=\begin{bmatrix}\boldsymbol{A}_1\\\boldsymbol{A}_2\\\vdots\\\boldsymbol{A}_m\end{bmatrix},$$

其中 $\boldsymbol{A}_i=[a_{i1},a_{i2},\cdots,a_{in}]$（$i=1,2,\cdots,m$）是 $\boldsymbol{A}$ 的子块．

矩阵 $\boldsymbol{B}$ 按列分块：

$$\boldsymbol{B}=\begin{bmatrix}b_{11}&b_{12}&\cdots&b_{1n}\\b_{21}&b_{22}&\cdots&b_{2n}\\\vdots&\vdots&&\vdots\\b_{m1}&b_{m2}&\cdots&b_{mn}\end{bmatrix}=[\boldsymbol{B}_1,\boldsymbol{B}_2,\cdots,\boldsymbol{B}_n],$$

其中 $\boldsymbol{B}_j=[b_{1j},b_{2j},\cdots,b_{mj}]^{\mathrm{T}}$（$j=1,2,\cdots,n$）是 $\boldsymbol{B}$ 的子块．

2. 运算

（1）转置：$\begin{bmatrix}\boldsymbol{A}&\boldsymbol{B}\\\boldsymbol{C}&\boldsymbol{D}\end{bmatrix}^{\mathrm{T}}=\begin{bmatrix}\boldsymbol{A}^{\mathrm{T}}&\boldsymbol{C}^{\mathrm{T}}\\\boldsymbol{B}^{\mathrm{T}}&\boldsymbol{D}^{\mathrm{T}}\end{bmatrix}$．

【注】如 $[\boldsymbol{A},\boldsymbol{B}]^{\mathrm{T}}=\begin{bmatrix}\boldsymbol{A}^{\mathrm{T}}\\\boldsymbol{B}^{\mathrm{T}}\end{bmatrix}$．

（2）加法：同型，且分法一致，则 $\begin{bmatrix}\boldsymbol{A}_1&\boldsymbol{A}_2\\\boldsymbol{A}_3&\boldsymbol{A}_4\end{bmatrix}+\begin{bmatrix}\boldsymbol{B}_1&\boldsymbol{B}_2\\\boldsymbol{B}_3&\boldsymbol{B}_4\end{bmatrix}=\begin{bmatrix}\boldsymbol{A}_1+\boldsymbol{B}_1&\boldsymbol{A}_2+\boldsymbol{B}_2\\\boldsymbol{A}_3+\boldsymbol{B}_3&\boldsymbol{A}_4+\boldsymbol{B}_4\end{bmatrix}$．

(3) 数乘：$k\begin{bmatrix} A & B \\ C & D \end{bmatrix}=\begin{bmatrix} kA & kB \\ kC & kD \end{bmatrix}$.

(4)乘法: $\begin{bmatrix} A & B \\ C & D \end{bmatrix}\begin{bmatrix} X & Y \\ Z & W \end{bmatrix}=\begin{bmatrix} AX+BZ & AY+BW \\ CX+DZ & CY+DW \end{bmatrix}$, 其中矩阵相乘、相加要满足相应的运算规律.

【注】对于(4)的运算要注意，分块矩阵相乘后，左边的仍在左边，右边的仍在右边.

(5) 若 A，B 分别为 m，n 阶方阵，则分块对角矩阵的幂为

$$\begin{bmatrix} A & O \\ O & B \end{bmatrix}^k=\begin{bmatrix} A^k & O \\ O & B^k \end{bmatrix}.$$

(6) 已知 $A=\begin{bmatrix} B & O \\ D & C \end{bmatrix}$, 其中 B 是 r 阶可逆矩阵，C 是 s 阶可逆矩阵，则 A 可逆，且

$$A^{-1}=\begin{bmatrix} B^{-1} & O \\ -C^{-1}DB^{-1} & C^{-1} \end{bmatrix}.$$

【注】若

$$A_1=\begin{bmatrix} B & D \\ O & C \end{bmatrix},\ A_2=\begin{bmatrix} O & B \\ C & D \end{bmatrix},\ A_3=\begin{bmatrix} D & B \\ C & O \end{bmatrix},$$

其中 B，C 可逆，则有

$$A_1^{-1}=\begin{bmatrix} B^{-1} & -B^{-1}DC^{-1} \\ O & C^{-1} \end{bmatrix},\ A_2^{-1}=\begin{bmatrix} -C^{-1}DB^{-1} & C^{-1} \\ B^{-1} & O \end{bmatrix},\ A_3^{-1}=\begin{bmatrix} O & C^{-1} \\ B^{-1} & -B^{-1}DC^{-1} \end{bmatrix}.$$

(7) 主对角线分块矩阵 $A=\begin{bmatrix} A_1 & & & \\ & A_2 & & \\ & & \ddots & \\ & & & A_s \end{bmatrix}$, 若 A_i ($i=1, 2, \cdots, s$) 均可逆，则 A 可逆，且

$$A^{-1}=\begin{bmatrix} A_1^{-1} & & & \\ & A_2^{-1} & & \\ & & \ddots & \\ & & & A_s^{-1} \end{bmatrix}.$$

副对角线分块矩阵 $A=\begin{bmatrix} & & & A_1 \\ & & A_2 & \\ & \iddots & & \\ A_s & & & \end{bmatrix}$, 若 A_i ($i=1, 2, \cdots, s$) 均可逆，则 A 可逆，且

$$A^{-1}=\begin{bmatrix} & & & A_s^{-1} \\ & & \iddots & \\ & A_2^{-1} & & \\ A_1^{-1} & & & \end{bmatrix}.$$

D_{23}（化归经典形式）

（8）$AB=O$的重要结论．

若 $A_{m\times n}B_{n\times s}=O$，将 B，O 按列分块，有

$$AB=A[\beta_1,\beta_2,\cdots,\beta_s]=[A\beta_1,A\beta_2,\cdots,A\beta_s]=[0,0,\cdots,0],$$

则 $A\beta_i=0\ (i=1,2,\cdots,s)$，故 $\beta_i\ (i=1,2,\cdots,s)$是 $Ax=0$ 的解，且$r(A)+r(B)\leqslant n$．

（9）$AB=C$的重要结论．

设矩阵 $A_{m\times n}$，$B_{n\times s}$，若 $AB=C$，则 C 是 $m\times s$ 矩阵．将 B，C 按行分块，有

$$\begin{bmatrix} a_{11} & a_{12} & \cdots & a_{1n} \\ a_{21} & a_{22} & \cdots & a_{2n} \\ \vdots & \vdots & & \vdots \\ a_{m1} & a_{m2} & \cdots & a_{mn} \end{bmatrix}\begin{bmatrix} \beta_1 \\ \beta_2 \\ \vdots \\ \beta_n \end{bmatrix}=\begin{bmatrix} \gamma_1 \\ \gamma_2 \\ \vdots \\ \gamma_m \end{bmatrix},$$

则$\gamma_i=a_{i1}\beta_1+a_{i2}\beta_2+\cdots+a_{in}\beta_n\ (i=1,2,\cdots,m)$，故 C（也即AB）的行向量是 B 的行向量组的线性组合．

类似地，若 A，C 按列分块，则有

$$[\alpha_1,\ \alpha_2,\ \cdots,\ \alpha_n]\begin{bmatrix} b_{11} & b_{12} & \cdots & b_{1s} \\ b_{21} & b_{22} & \cdots & b_{2s} \\ \vdots & \vdots & & \vdots \\ b_{n1} & b_{n2} & \cdots & b_{ns} \end{bmatrix}=[\xi_1,\xi_2,\cdots,\xi_s],$$

则 $\xi_i=b_{1i}\alpha_1+b_{2i}\alpha_2+\cdots+b_{ni}\alpha_n\ (i=1,2,\cdots,s)$，故 C（也即AB）的列向量是 A 的列向量组的线性组合．

形式化归体系块

于是，将 AB 看作整体，令$AB=C$．

① $\underset{(AB)}{C}$ 的列向量可由 A 的列向量组表示．

推广：（狗猫）的列可由狗的列表示⇒横拼左同多化零．

$$[AB,A]\to[O,A],\ [A,AB]\to[A,O],$$

$$[\underset{\substack{\uparrow\\ \text{狗}}}{\underline{AB}}{}^{\mathrm{T}}\underset{\substack{\uparrow\\ \text{猫}}}{A},\ \underset{\substack{\uparrow\\ \text{狗}}}{AB^{\mathrm{T}}}]\to[\underset{\substack{\uparrow\\ O}}{O},\ \underset{\substack{\uparrow\\ \text{狗}}}{\underline{AB^{\mathrm{T}}}}],\ [AB^{\mathrm{T}},AB^{\mathrm{T}}B]\to[AB^{\mathrm{T}},O].$$

② $\underset{(AB)}{C}$ 的行向量可由 B 的行向量组表示．

推广：（狗猫）的行可由猫的行表示⇒竖拼右同多化零．

$$\begin{bmatrix} \overset{\substack{\text{猫}\\ \downarrow}}{BA} \\ \underset{\substack{\uparrow\\ \text{狗}}}{B^{\mathrm{T}}}\underset{\substack{\uparrow\\ \text{猫}}}{\underline{BA}} \end{bmatrix}\to\begin{bmatrix} \overset{\substack{\text{猫}\\ \downarrow}}{BA} \\ O \end{bmatrix},$$

$$\begin{bmatrix} ABC \\ BC \end{bmatrix} \to \begin{bmatrix} O \\ BC \end{bmatrix},$$

$A^{\mathrm{T}}A$的行向量组与A的行向量组等价

$$\begin{bmatrix} A^{\mathrm{T}}A \\ B^{\mathrm{T}}A \end{bmatrix} \to \begin{bmatrix} A \\ B^{\mathrm{T}}A \end{bmatrix} \to \begin{bmatrix} A \\ O \end{bmatrix}.$$

如

$$\begin{bmatrix} AB \\ B \end{bmatrix} \to \begin{bmatrix} O \\ B \end{bmatrix},$$

故$r\left(\begin{bmatrix} AB \\ B \end{bmatrix}\right)=r(B)$. 若$r(AB)=r(B)$，则有$r(AB)=r(B)=r\left(\begin{bmatrix} AB \\ B \end{bmatrix}\right)$，故$r(AB)=r(B)$为$ABx=0$与$Bx=0$同解的充分必要条件.

（10）分块矩阵是考研的重要命题点，其主要解题思路是：

①熟练准确掌握上述（1）~（9）的内容；

②记住：分块矩阵也是矩阵，矩阵若满足的公式（如$AA^*=|A|E$），则分块矩阵亦满足（如$\begin{bmatrix} A & B \\ C & D \end{bmatrix}\begin{bmatrix} A & B \\ C & D \end{bmatrix}^*=\begin{vmatrix} A & B \\ C & D \end{vmatrix}\begin{bmatrix} E & O \\ O & E \end{bmatrix}$）.

③见到新的分块矩阵，要想到上面的①②，或初等变换.

例 3.18 设A，B为n阶矩阵，记$r(X)$为矩阵X的秩，$[X, Y]$表示分块矩阵，则（　　）.

（A）$r([A, AB])=r(A)$　　（B）$r([A, BA])=r(A)$

（C）$r([A, B])=\max\{r(A), r(B)\}$　　（D）$r([A, B])=r([A^{\mathrm{T}}, B^{\mathrm{T}}])$

【解】应选（A）.

法一 一方面，A是$[A, AB]$的子矩阵，因此$r([A, AB])\geqslant r(A)$.

另一方面，$[A, AB]$是A与$[E, B]$的乘积，即$[A, AB]=A[E, B]$，因此$r([A, AB])\leqslant r(A)$，故$r([A, AB])=r(A)$，选（A）.

法二 设$C=AB$，则C的列向量可由A的列向量组线性表示，故$r([A, AB])=r([A, C])=r(A)$，选（A）.

【注】（1）在法一中，$[A, AB]=A[E, B]$，但是$[A, BA]\neq[E, B]A$，因为不满足乘法规则.

（2）对于选项（B），（C），（D），可举出反例.

取$A=\begin{bmatrix} 1 & 0 \\ 0 & 0 \end{bmatrix}$，$B=\begin{bmatrix} 0 & 1 \\ 1 & 0 \end{bmatrix}$，则$BA=\begin{bmatrix} 0 & 1 \\ 1 & 0 \end{bmatrix}\begin{bmatrix} 1 & 0 \\ 0 & 0 \end{bmatrix}=\begin{bmatrix} 0 & 0 \\ 1 & 0 \end{bmatrix}$，从而$r(A)=1$，$r([A, BA])=r\left(\begin{bmatrix} 1 & 0 & 0 & 0 \\ 0 & 0 & 1 & 0 \end{bmatrix}\right)=2$，有$r(A)\neq r([A, BA])$，知选项（B）错误；

取 $A=\begin{bmatrix}1&0\\0&0\end{bmatrix}$，$B=\begin{bmatrix}0&0\\1&0\end{bmatrix}$，则 $r(A)=r(B)=1$，而

$$r([A,\ B])=r\left(\begin{bmatrix}1&0&0&0\\0&0&1&0\end{bmatrix}\right)=2\neq \max\{r(A),\ r(B)\},$$

知选项（C）错误；

取 $A=\begin{bmatrix}1&0\\0&0\end{bmatrix}$，$B=\begin{bmatrix}0&1\\0&0\end{bmatrix}$，则 $r([A,\ B])=r\left(\begin{bmatrix}1&0&0&1\\0&0&0&0\end{bmatrix}\right)=1$，而

$$r([A^{\mathrm{T}},\ B^{\mathrm{T}}])=r\left(\begin{bmatrix}1&0&0&0\\0&0&1&0\end{bmatrix}\right)=2\neq r([A,\ B]),$$

知选项（D）也错误．

六、求解矩阵方程

（O_5（盯住目标 5）$+D_1$（常规操作）$+D_2$（脱胎换骨））

1. 定义

含有未知矩阵的方程称为矩阵方程．

2. 化简

解矩阵方程，应先根据题设条件和矩阵的运算规则，将方程进行恒等变形，使方程化成 $AX=B$，$XA=B$ 或 $AXB=C$ 的形式，其化简手段如下．

（1）消公因式，即若 $CA=CB$，且 C 可逆，则 $A=B$.

【注】还有以下结论：

（1）若 $CA=CB$，C 列满秩，则 $A=B$；

（2）若 $AC=BC$，C 行满秩，则 $A=B$.

（2）提取公因式，即 $CA+CB=C(A+B)$．

（3）移项，即将已知表达式与未知表达式分别移至方程的两边．

（4）利用公式．

① $AA^*=|A|E$，若 A 可逆，则 $A^*=|A|A^{-1}$，$(A^*)^*=|A|^{n-2}A\ (n\geqslant 2)$．

② $A^2-E=(A+E)(A-E)=(A-E)(A+E)$，$A^3\pm E=(A\pm E)(A^2\mp A+E)$．

③ $A^{\mathrm{T}}B^{\mathrm{T}}=(BA)^{\mathrm{T}}$，$A^*B^*=(BA)^*$，若 A，B 可逆，则 $A^{-1}B^{-1}=(BA)^{-1}$.

④若 A 可逆，则 $(A^{-1})^*=(A^*)^{-1}$，$(A^{-1})^{\mathrm{T}}=(A^{\mathrm{T}})^{-1}$，$(A^*)^{\mathrm{T}}=(A^{\mathrm{T}})^*$.

3. 求解

（1）若 $\boldsymbol{A}$ 可逆，或 $\boldsymbol{A}$，$\boldsymbol{B}$ 均可逆，则可得“2.”中方程的解分别为 $\boldsymbol{X}=\boldsymbol{A}^{-1}\boldsymbol{B}$，$\boldsymbol{X}=\boldsymbol{B}\boldsymbol{A}^{-1}$，$\boldsymbol{X}=\boldsymbol{A}^{-1}\boldsymbol{C}\boldsymbol{B}^{-1}$.

（2）若 $\boldsymbol{A}$ 不可逆，如 $\boldsymbol{AX}=\boldsymbol{B}$，则将 $\boldsymbol{X}$ 和 $\boldsymbol{B}$ 按列分块，得

$$\boldsymbol{A}[\boldsymbol{\xi}_1,\boldsymbol{\xi}_2,\cdots,\boldsymbol{\xi}_n]=[\boldsymbol{\beta}_1,\boldsymbol{\beta}_2,\cdots,\boldsymbol{\beta}_n]\text{，即 }\boldsymbol{A\xi}_i=\boldsymbol{\beta}_i,\ i=1,2,\cdots,n.$$

求解上述线性方程组，得解 $\boldsymbol{\xi}_i$，从而得 $\boldsymbol{X}=[\boldsymbol{\xi}_1,\boldsymbol{\xi}_2,\cdots,\boldsymbol{\xi}_n]$.

（3）若无法化成上述几种形式，则应该设未知矩阵为 $\boldsymbol{X}=(x_{ij})$，直接代入方程得到含未知量为 x_{ij} 的线性方程组，求得 $\boldsymbol{X}$ 的元素 x_{ij}，从而求得未知矩阵（即用待定元素法求 $\boldsymbol{X}$）.

（4）设 $\boldsymbol{A}$ 为 $m\times n$ 矩阵，$\boldsymbol{B}$ 为 $m\times s$ 矩阵，则矩阵方程 $\boldsymbol{AX}=\boldsymbol{B}$ 有解的充分必要条件为

$$r(\boldsymbol{A})=r([\boldsymbol{A},\boldsymbol{B}]).$$

形式化归体系块

例 3.19 已知 a 是常数，且矩阵 $\boldsymbol{A}=\begin{bmatrix}1&2&a\\1&3&0\\2&7&-a\end{bmatrix}$ 可经初等列变换化为矩阵 $\boldsymbol{B}=\begin{bmatrix}1&a&2\\0&1&1\\-1&1&1\end{bmatrix}$.

声东击西～

D₂₂（转换等价表述），初等列变换属于初等变换，这是专业术语上的“翻译”

（1）求 a；

（2）求满足 $\boldsymbol{AP}=\boldsymbol{B}$ 的可逆矩阵 $\boldsymbol{P}$.

【解】（1）对矩阵 $\boldsymbol{A}$，$\boldsymbol{B}$ 分别施以初等行变换，得

$$\boldsymbol{A}=\begin{bmatrix}1&2&a\\1&3&0\\2&7&-a\end{bmatrix}\to\begin{bmatrix}1&2&a\\0&1&-a\\0&3&-3a\end{bmatrix}\to\begin{bmatrix}1&0&3a\\0&1&-a\\0&0&0\end{bmatrix},$$

$$\boldsymbol{B}=\begin{bmatrix}1&a&2\\0&1&1\\-1&1&1\end{bmatrix}\to\begin{bmatrix}1&a&2\\0&1&1\\0&a+1&3\end{bmatrix}\to\begin{bmatrix}1&0&2-a\\0&1&1\\0&0&2-a\end{bmatrix}\to\begin{bmatrix}1&0&0\\0&1&1\\0&0&2-a\end{bmatrix}.$$

由题设知 $r(\boldsymbol{A})=r(\boldsymbol{B})$，故 $a=2$.

（2）由（1）知 $a=2$. 对矩阵 $[\boldsymbol{A},\boldsymbol{B}]$ 施以初等行变换，得

故 $r(\boldsymbol{A})=r([\boldsymbol{A},\boldsymbol{B}])$，于是 $\boldsymbol{AX}=\boldsymbol{B}$ 有解

$$[\boldsymbol{A},\boldsymbol{B}]=\left[\begin{array}{ccc|ccc}1&2&2&1&2&2\\1&3&0&0&1&1\\2&7&-2&-1&1&1\end{array}\right]\to\left[\begin{array}{ccc|ccc}1&2&2&1&2&2\\0&1&-2&-1&-1&-1\\0&3&-6&-3&-3&-3\end{array}\right]\to\left[\begin{array}{ccc|ccc}1&0&6&3&4&4\\0&1&-2&-1&-1&-1\\0&0&0&0&0&0\end{array}\right].$$

记 $\boldsymbol{B}=[\boldsymbol{\beta}_1,\boldsymbol{\beta}_2,\boldsymbol{\beta}_3]$，由于

$$\boldsymbol{A}\begin{bmatrix}-6\\2\\1\end{bmatrix}=\boldsymbol{0},\ \boldsymbol{A}\begin{bmatrix}3\\-1\\0\end{bmatrix}=\boldsymbol{\beta}_1,\ \boldsymbol{A}\begin{bmatrix}4\\-1\\0\end{bmatrix}=\boldsymbol{\beta}_2,\ \boldsymbol{A}\begin{bmatrix}4\\-1\\0\end{bmatrix}=\boldsymbol{\beta}_3,$$

故 $\boldsymbol{AX}=\boldsymbol{B}$ 的解为

$$\boldsymbol{X}=\begin{bmatrix}3-6k_1&4-6k_2&4-6k_3\\-1+2k_1&-1+2k_2&-1+2k_3\\k_1&k_2&k_3\end{bmatrix},$$

其中 k_1，k_2，k_3 为任意常数.

由于 $|\boldsymbol{X}|=k_3-k_2$，因此满足 $\boldsymbol{AP}=\boldsymbol{B}$ 的可逆矩阵为

$$P=\begin{bmatrix}3-6k_1 & 4-6k_2 & 4-6k_3\\ -1+2k_1 & -1+2k_2 & -1+2k_3\\ k_1 & k_2 & k_3\end{bmatrix},$$

其中 k_1，k_2，k_3 为任意常数，且 $k_2 \neq k_3$.

例 3.20 设$A=\begin{bmatrix}0&1&2\\0&0&3\\0&0&0\end{bmatrix}$.

（1）求可逆矩阵P，使得$P^{-1}AP=\begin{bmatrix}0&1&0\\0&0&1\\0&0&0\end{bmatrix}$.

D_{21}（观察研究对象）$+D_{23}$（化归经典形式）

（2）是否存在 3 阶矩阵B，使得 $B^2=A$? 若存在，求出B；若不存在，说明理由．

【解】（1）令$P=[\xi_1,\xi_2,\xi_3]$，由于$AP=P\begin{bmatrix}0&1&0\\0&0&1\\0&0&0\end{bmatrix}$，因此$A\xi_1=\mathbf{0}$，$A\xi_2=\xi_1$，$A\xi_3=\xi_2$.

解方程组$Ax=\mathbf{0}$，得线性无关解向量$\xi_1=[1,0,0]^{\mathrm{T}}$；解方程组$Ax=\xi_1$，得线性无关解向量$\xi_2=[0,1,0]^{\mathrm{T}}$；解方程组$Ax=\xi_2$，得线性无关解向量$\xi_3=\left[0,-\dfrac{2}{3},\dfrac{1}{3}\right]^{\mathrm{T}}$.

故$P=\begin{bmatrix}1&0&0\\0&1&-\dfrac{2}{3}\\0&0&\dfrac{1}{3}\end{bmatrix}$，可逆，且使得$P^{-1}AP=\begin{bmatrix}0&1&0\\0&0&1\\0&0&0\end{bmatrix}$.

这是试题最难的位置，此时要用好D_{21}（观察研究对象）$+D_{23}$（化归经典形式），做好试一试的准备！且刚开始试的并不一定成功，对任何应试者均是如此，无须焦虑

（2）若存在$B=(x_{ij})_{3\times3}$满足$B^2=A$，则$BA=BB^2=B^2B=AB$，

即
$$\begin{bmatrix}x_{11}&x_{12}&x_{13}\\x_{21}&x_{22}&x_{23}\\x_{31}&x_{32}&x_{33}\end{bmatrix}\begin{bmatrix}0&1&2\\0&0&3\\0&0&0\end{bmatrix}=\begin{bmatrix}0&1&2\\0&0&3\\0&0&0\end{bmatrix}\begin{bmatrix}x_{11}&x_{12}&x_{13}\\x_{21}&x_{22}&x_{23}\\x_{31}&x_{32}&x_{33}\end{bmatrix},$$

整理得
$$\begin{bmatrix}0&x_{11}&2x_{11}+3x_{12}\\0&x_{21}&2x_{21}+3x_{22}\\0&x_{31}&2x_{31}+3x_{32}\end{bmatrix}=\begin{bmatrix}x_{21}+2x_{31}&x_{22}+2x_{32}&x_{23}+2x_{33}\\3x_{31}&3x_{32}&3x_{33}\\0&0&0\end{bmatrix},$$

令各元素对应相等，故
$$B=\begin{bmatrix}x_{11}&x_{12}&x_{13}\\0&x_{11}&3x_{12}\\0&0&x_{11}\end{bmatrix}.$$

由$B^2=A$，即
$$\begin{bmatrix}x_{11}^2&2x_{11}x_{12}&2x_{11}x_{13}+3x_{12}^2\\0&x_{11}^2&6x_{11}x_{12}\\0&0&x_{11}^2\end{bmatrix}=\begin{bmatrix}0&1&2\\0&0&3\\0&0&0\end{bmatrix},$$

由$x_{11}^2=0$，$x_{11}x_{12}=\frac{1}{2}\neq 0$，矛盾，可知不存在 3 阶矩阵$\boldsymbol{B}$，使得$\boldsymbol{B}^2=\boldsymbol{A}$.

【注】本讲这最后一个例题，是本书作者有意安排的，作为一道难题，命题要求考生能够透过所给条件的这些表象，寻找到其背后的实际考点——也就是对应的知识是什么.

那如何寻找呢?

①依靠题设条件及设问（1）的提示;

②依靠D_{21}（观察研究对象），对照自己的知识结构，寻找隐含条件;

③依靠D_{23}（化归经典形式），对照自己的知识结构，做好形式化归.

本题中，$\boldsymbol{B}^2=\boldsymbol{A}$，由$\mathrm{D}_{21}$（观察研究对象），想到"$\boldsymbol{B}^n$"也就是"矩阵的$n$次幂"是合理的，但由于$\boldsymbol{A}$是非正定矩阵，走"$\boldsymbol{B}=\sqrt{\boldsymbol{A}}$"的路子行不通，试着在$\boldsymbol{B}^2=\boldsymbol{A}$两边分别乘以等量$\boldsymbol{A}=\boldsymbol{B}^2$，得$\boldsymbol{B}^2\boldsymbol{A}=\boldsymbol{A}\boldsymbol{B}^2$，还能试简单一些的形式吗？$\boldsymbol{BA}=\boldsymbol{AB}$成立吗？于是有了本题答案.

第4讲 矩阵的秩

三向解题法

求矩阵的秩
（O（盯住目标））

定义
（D_1（常规操作））

A 中最大的不为零的子式的阶数称为矩阵 A 的秩

公式
（D_1（常规操作）+ D_2（脱胎换骨）+ D_{41}（试取特殊情形）+ P_{12}（反向思路））

隐含条件体系块

①$0 \leqslant r(A_{m\times n}) \leqslant \min\{m, n\}$.

②$r(kA)=r(A)\ (k\neq 0)$.

③$r(A)=r(PA)=r(AQ)=r(PAQ)$（P，Q 为可逆矩阵）.

④设 A 是 $m\times n$ 矩阵，B 是 $n\times s$ 矩阵．
若 $r(A)=n$（列满秩），则 $r(AB)=r(B)$；若 $r(B)=n$（行满秩），则 $r(AB)=r(A)$.

⑤若$CA=CB$，C 列满秩，则$A=B$；若$AC=BC$，C 行满秩，则$A=B$.

⑥$r(AB)\leqslant \min\{r(A), r(B)\}$.

⑦$r(A+B)\leqslant r([A, B])\leqslant r(A)+r(B)$.

⑧$r(AB)\geqslant r(A)+r(B)-n$（$A$，$B$ 分别为 $m\times n$ 矩阵与 $n\times s$ 矩阵）.

⑨$r(ABC)\geqslant r(AB)+r(BC)-r(B)$.

⑩$r(A)=r(A^{\mathrm{T}})=r(AA^{\mathrm{T}})=r(A^{\mathrm{T}}A)$.

⑪$r(A^*)=\begin{cases} n, & r(A)=n, \\ 1, & r(A)=n-1, \\ 0, & r(A)<n-1. \end{cases}$

⑫若 $A^2-(k_1+k_2)A+k_1k_2E=O$，$k_1\neq k_2$，则$r(A-k_1E)+r(A-k_2E)=n$.

⑬$Ax=0$ 的基础解系所含向量的个数为 $s=n-r(A)$（A 为$m\times n$矩阵）.

⑭方程组$A_{m\times n}x=0$与$B_{s\times n}x=0$同解$\Leftrightarrow r(A)=r\left(\begin{bmatrix} A \\ B \end{bmatrix}\right)=r(B)$.

⑮$r(\text{Ⅰ})=r(\text{Ⅱ})=r(\text{Ⅰ}, \text{Ⅱ})\Leftrightarrow$向量组（Ⅰ）与向量组（Ⅱ）等价.

⑯若 $A\sim\Lambda$，则 $n_i=n-r(\lambda_iE-A)$，其中 λ_i 是 n_i 重特征根.

⑰若 $A\sim\Lambda$，则 $r(A)$ 等于非零特征值的个数，重根按重数算

一、定义（D_1（常规操作））

设 A 是 $m\times n$ 矩阵，A 中最大的不为零的子式的阶数称为矩阵 A 的秩，记为 $r(A)$．也可以这样定义：若存在 k 阶子式不为零（任取 k 行、k 列构成的 k 阶行列式），而任意 $k+1$ 阶子式全为零（如果有的话），则 $r(A)=k$，且若 A 为 $n\times n$ 矩阵，则

$$r(A_{n\times n})=n\Leftrightarrow |A|\neq 0\Leftrightarrow A\text{ 可逆}.$$

【注】用初等变换将 A 化为行阶梯形矩阵，阶梯数即为矩阵的秩．

二、公式

（D_1（常规操作）$+D_2$（脱胎换骨）$+D_{41}$（试取特殊情形）$+P_{12}$（反向思路））

1. 设 A 是 $m\times n$ 矩阵，则 $0\leqslant r(A)\leqslant \min\{m,n\}$.

2. 设 A 是 $m\times n$ 矩阵，则 $r(kA)=r(A)\ (k\neq 0)$．

3. 设 A 是 $m\times n$ 矩阵，P，Q 分别是 m 阶、n 阶可逆矩阵，则

$$r(A)=r(PA)=r(AQ)=r(PAQ).$$

【注】(1) 公式 3 表明初等变换不改变矩阵的秩．
(2) 若 $r(AB)<r(A)$，B 为 n 阶矩阵，则 $r(B)<n$.

4. 设 A 是 $m\times n$ 矩阵，B 是 $n\times s$ 矩阵．

(1) 若 $r(A)=n$（列满秩），则 $r(AB)=r(B)$．

(2) 若 $r(B)=n$（行满秩），则 $r(AB)=r(A)$．

例 4.1 设 A 为 4×3 矩阵，B 为 3 阶方阵，若 $r(A)=3$，则（　　）．

(A) $ABx=0$ 与 $Bx=0$ 同解　　(B) $ABx=0$ 与 $Ax=0$ 同解

(C) $B^TA^Tx=0$ 与 $A^Tx=0$ 同解　　(D) $B^TA^Tx=0$ 与 $B^Tx=0$ 同解

【解】应选（A）．

由下面的公式 6 与公式 8，知

$$r(A)+r(B)-3\leqslant r(AB)\leqslant \min\{r(A),r(B)\}. \qquad (*)$$

当 $r(A)=3$ 时，由 $(*)$ 式得

$$3+r(B)-3\leqslant r(AB)\leqslant r(B),$$

故有 $r(AB)=r(B)$，又满足 $Bx=0$ 的解必是 $ABx=0$ 的解，故 $ABx=0$ 与 $Bx=0$ 同解．故选（A）．

【注】若 $r(B)=3$，同样由 $(*)$ 式可得

$$r(A)+3-3\leqslant r(AB)\leqslant r(A),$$

故有 $r(AB)=r(A)$，则 $r(B^{\mathrm{T}}A^{\mathrm{T}})=r(A^{\mathrm{T}})$，$B^{\mathrm{T}}A^{\mathrm{T}}x=0$ 与 $A^{\mathrm{T}}x=0$ 同解．

5. 若$CA=CB$，C列满秩，则$A=B$；若$AC=BC$，C行满秩，则$A=B$．

例 4.2 设 B 是 n 阶矩阵，C 是$n\times m$矩阵，且$r(C)=n$，则下列结论：

①若$BC=O$，则$B=O$；

②若$BC=C$，则$B=E$；

③若$BC=O$，则$1\leqslant r(B)<n$；

④若$BC=C$，则$r(B)=n$．

所有正确结论的序号为（　　）．

（A）①②④　　（B）②④　　（C）①③④　　（D）③④

【解】应选（A）．

对于①，$BC=O=OC$，由公式 5 得$B=O$；对于②，$BC=C=EC$，由公式 5 得$B=E$；对于③，由①可知③错误；对于④，由②可知④正确．

例 4.3 设 A，B 分别为3×2和2×3实矩阵，若$AB=\begin{bmatrix}8 & 0 & -4\\ -\frac{3}{2} & 9 & -6\\ -2 & 0 & 1\end{bmatrix}$，则$BA=$________．

【解】应填$\begin{bmatrix}9 & 0\\ 0 & 9\end{bmatrix}$．

因$|AB|=0$，$r(AB)=2$，又$2\leqslant r(A),r(B)\leqslant 2$，故$r(A)=r(B)=2$，即 A 列满秩，B 行满秩．又由

$2=r(AB)\leqslant r(A),r(B)$　　$r(A),r(B)\leqslant$行数、列数

$ABAB=9AB$，A 列满秩，有$BAB=9B$．又 B 行满秩，故有$BA=9E_2=\begin{bmatrix}9 & 0\\ 0 & 9\end{bmatrix}$．

6. 设 A 是 $m\times n$ 矩阵，B 是 $n\times s$ 矩阵，则 $r(AB)\leqslant \min\{r(A),r(B)\}$．

【注】见到 AB，ABC，要善于想到单调性．

$$r(ABC)\leqslant r(AB)\leqslant r(A).$$

如$ABC=A\Rightarrow r(A)=r(ABC)\leqslant r(AB)\leqslant r(A)\Rightarrow r(A)=r(AB)$．

例 4.4 已知 n 阶矩阵 A，B，C 满足 $ABC=O$，E 为 n 阶单位矩阵，记矩阵$\begin{bmatrix}O & A\\ BC & E\end{bmatrix}$，$\begin{bmatrix}AB & C\\ O & E\end{bmatrix}$，$\begin{bmatrix}E & AB\\ AB & O\end{bmatrix}$的秩分别为$r_1$，$r_2$，$r_3$，则（　　）．

（A）$r_1\leqslant r_2\leqslant r_3$　　（B）$r_1\leqslant r_3\leqslant r_2$　　（C）$r_3\leqslant r_1\leqslant r_2$　　（D）$r_2\leqslant r_1\leqslant r_3$

【解】应选（B）.

$(-\boldsymbol{A})$倍加至 $\begin{bmatrix}\boldsymbol{O} & \boldsymbol{A}\\ \boldsymbol{BC} & \boldsymbol{E}\end{bmatrix}$

对于$\begin{bmatrix}\boldsymbol{O} & \boldsymbol{A}\\ \boldsymbol{BC} & \boldsymbol{E}\end{bmatrix}$，将分块矩阵的第 2 行的（$-\boldsymbol{A}$）倍加至第 1 行，即

$$\begin{bmatrix}\boldsymbol{E} & -\boldsymbol{A}\\ \boldsymbol{O} & \boldsymbol{E}\end{bmatrix}\begin{bmatrix}\boldsymbol{O} & \boldsymbol{A}\\ \boldsymbol{BC} & \boldsymbol{E}\end{bmatrix}=\begin{bmatrix}-\boldsymbol{ABC} & \boldsymbol{O}\\ \boldsymbol{BC} & \boldsymbol{E}\end{bmatrix}=\begin{bmatrix}\boldsymbol{O} & \boldsymbol{O}\\ \boldsymbol{BC} & \boldsymbol{E}\end{bmatrix},$$

其秩 $r_1=n$；

$(-\boldsymbol{C})$倍加至 $\begin{bmatrix}\boldsymbol{AB} & \boldsymbol{C}\\ \boldsymbol{O} & \boldsymbol{E}\end{bmatrix}$

对于$\begin{bmatrix}\boldsymbol{AB} & \boldsymbol{C}\\ \boldsymbol{O} & \boldsymbol{E}\end{bmatrix}$，将分块矩阵的第 2 行的（$-\boldsymbol{C}$）倍加至第 1 行，即

$$\begin{bmatrix}\boldsymbol{E} & -\boldsymbol{C}\\ \boldsymbol{O} & \boldsymbol{E}\end{bmatrix}\begin{bmatrix}\boldsymbol{AB} & \boldsymbol{C}\\ \boldsymbol{O} & \boldsymbol{E}\end{bmatrix}=\begin{bmatrix}\boldsymbol{AB} & \boldsymbol{O}\\ \boldsymbol{O} & \boldsymbol{E}\end{bmatrix},$$

其秩 $r_2=r(\boldsymbol{AB})+n$；

$(-\boldsymbol{AB})$倍加至 $\begin{bmatrix}\boldsymbol{E} & \boldsymbol{AB}\\ \boldsymbol{AB} & \boldsymbol{O}\end{bmatrix}$

对于$\begin{bmatrix}\boldsymbol{E} & \boldsymbol{AB}\\ \boldsymbol{AB} & \boldsymbol{O}\end{bmatrix}$，先将分块矩阵的第 1 行的（$-\boldsymbol{AB}$）倍加至第 2 行，即

$$\begin{bmatrix}\boldsymbol{E} & \boldsymbol{O}\\ -\boldsymbol{AB} & \boldsymbol{E}\end{bmatrix}\begin{bmatrix}\boldsymbol{E} & \boldsymbol{AB}\\ \boldsymbol{AB} & \boldsymbol{O}\end{bmatrix}=\begin{bmatrix}\boldsymbol{E} & \boldsymbol{AB}\\ \boldsymbol{O} & -\boldsymbol{ABAB}\end{bmatrix},$$

$(-\boldsymbol{AB})$倍加至 $\begin{bmatrix}\boldsymbol{E} & \boldsymbol{AB}\\ \boldsymbol{O} & -\boldsymbol{ABAB}\end{bmatrix}$

再将分块矩阵的第 1 列的（$-\boldsymbol{AB}$）倍加至第 2 列，即

$$\begin{bmatrix}\boldsymbol{E} & \boldsymbol{AB}\\ \boldsymbol{O} & -\boldsymbol{ABAB}\end{bmatrix}\begin{bmatrix}\boldsymbol{E} & -\boldsymbol{AB}\\ \boldsymbol{O} & \boldsymbol{E}\end{bmatrix}=\begin{bmatrix}\boldsymbol{E} & \boldsymbol{O}\\ \boldsymbol{O} & -\boldsymbol{ABAB}\end{bmatrix},$$

其秩 $r_3=r(-\boldsymbol{ABAB})+n$.

又由于
$$r(\boldsymbol{AB})\geqslant r(-\boldsymbol{ABAB})\geqslant 0,$$
于是 $r_1\leqslant r_3\leqslant r_2$，故选（B）.

7. 设 $\boldsymbol{A}$，$\boldsymbol{B}$ 为同型矩阵，则 $r(\boldsymbol{A}+\boldsymbol{B})\leqslant r([\boldsymbol{A},\boldsymbol{B}])\leqslant r(\boldsymbol{A})+r(\boldsymbol{B})$.

【注】① $r(\boldsymbol{A}-\boldsymbol{B})\leqslant r(\boldsymbol{A})+r(\boldsymbol{B})$；② $r(\boldsymbol{A}-\boldsymbol{B})\geqslant |r(\boldsymbol{A})-r(\boldsymbol{B})|$.

证 ①因 $r(\boldsymbol{A}+\boldsymbol{B})\leqslant r(\boldsymbol{A})+r(\boldsymbol{B})$，故 $r(\boldsymbol{A}-\boldsymbol{B})=r[\boldsymbol{A}+(-\boldsymbol{B})]\leqslant r(\boldsymbol{A})+r(-\boldsymbol{B})=r(\boldsymbol{A})+r(\boldsymbol{B})$.

②因 $r(\boldsymbol{A}+\boldsymbol{B})\leqslant r(\boldsymbol{A})+r(\boldsymbol{B})$，令 $\boldsymbol{A}+\boldsymbol{B}=\boldsymbol{C}$，则 $r(\boldsymbol{C})\leqslant r(\boldsymbol{C}-\boldsymbol{B})+r(\boldsymbol{B})$，即 $r(\boldsymbol{A})\leqslant r(\boldsymbol{A}-\boldsymbol{B})+r(\boldsymbol{B})$，故有

$$r(\boldsymbol{A}-\boldsymbol{B})\geqslant r(\boldsymbol{A})-r(\boldsymbol{B}).\qquad (*)$$

同理，$r(\boldsymbol{B}-\boldsymbol{A})\geqslant r(\boldsymbol{B})-r(\boldsymbol{A})$.故

$$-r(\boldsymbol{B}-\boldsymbol{A})\leqslant r(\boldsymbol{A})-r(\boldsymbol{B}). \qquad (**)$$

又$r(\boldsymbol{A}-\boldsymbol{B})=r(\boldsymbol{B}-\boldsymbol{A})$，结合（*）（**）可得$-r(\boldsymbol{A}-\boldsymbol{B})\leqslant r(\boldsymbol{A})-r(\boldsymbol{B})\leqslant r(\boldsymbol{A}-\boldsymbol{B})$，即$|r(\boldsymbol{A})-r(\boldsymbol{B})|\leqslant r(\boldsymbol{A}-\boldsymbol{B})$.

例 4.5 设$\boldsymbol{A}$，$\boldsymbol{B}$分别为$m\times n$与$n\times m$矩阵，$\boldsymbol{C}$为n阶可逆矩阵，且$r(\boldsymbol{A})=r<n$，$\boldsymbol{A}(\boldsymbol{C}+\boldsymbol{B}\boldsymbol{A})=\boldsymbol{O}$，则$r(\boldsymbol{C}+\boldsymbol{B}\boldsymbol{A})=$______.

【解】应填$n-r$.

因$\boldsymbol{A}(\boldsymbol{C}+\boldsymbol{B}\boldsymbol{A})=\boldsymbol{O}$，故$r(\boldsymbol{A})+r(\boldsymbol{C}+\boldsymbol{B}\boldsymbol{A})\leqslant n$. 又$r(\boldsymbol{A})=r$，于是

$$r(\boldsymbol{C}+\boldsymbol{B}\boldsymbol{A})\leqslant n-r,$$

且

$$r(\boldsymbol{C}+\boldsymbol{B}\boldsymbol{A})=r[\boldsymbol{C}-(-\boldsymbol{B}\boldsymbol{A})]\geqslant r(\boldsymbol{C})-r(\boldsymbol{B}\boldsymbol{A})\geqslant r(\boldsymbol{C})-r(\boldsymbol{A})=n-r,$$

故$r(\boldsymbol{C}+\boldsymbol{B}\boldsymbol{A})=n-r$.

8. 设$\boldsymbol{A}$是$m\times n$矩阵，$\boldsymbol{B}$是$n\times s$矩阵，则$r(\boldsymbol{AB})\geqslant r(\boldsymbol{A})+r(\boldsymbol{B})-n$.

【注】证 （左边乘$\boldsymbol{A}$加至；右边乘$(-\boldsymbol{B})$加至；$\times(-\boldsymbol{E})$；P_{12}（反向思路））

$$\begin{bmatrix}\boldsymbol{E}&\boldsymbol{O}\\\boldsymbol{O}&\boldsymbol{AB}\end{bmatrix}\to\begin{bmatrix}\boldsymbol{E}&\boldsymbol{O}\\\boldsymbol{A}&\boldsymbol{AB}\end{bmatrix}\to\begin{bmatrix}\boldsymbol{E}&-\boldsymbol{B}\\\boldsymbol{A}&\boldsymbol{O}\end{bmatrix}\to\begin{bmatrix}-\boldsymbol{B}&\boldsymbol{E}\\\boldsymbol{O}&\boldsymbol{A}\end{bmatrix}\to\begin{bmatrix}\boldsymbol{B}&\boldsymbol{E}\\\boldsymbol{O}&\boldsymbol{A}\end{bmatrix},$$

故$r(\boldsymbol{AB})+n=r\left(\begin{bmatrix}\boldsymbol{E}&\boldsymbol{O}\\\boldsymbol{O}&\boldsymbol{AB}\end{bmatrix}\right)=r\left(\begin{bmatrix}\boldsymbol{B}&\boldsymbol{E}\\\boldsymbol{O}&\boldsymbol{A}\end{bmatrix}\right)\geqslant r(\boldsymbol{A})+r(\boldsymbol{B})$. 证毕.

注意: ①当$\boldsymbol{AB}=\boldsymbol{O}$时，有$r(\boldsymbol{A})+r(\boldsymbol{B})\leqslant n$.

②当$\boldsymbol{AB}$为n阶可逆矩阵时，$r(\boldsymbol{AB})=n$，有$r(\boldsymbol{A})+r(\boldsymbol{B})\leqslant 2n$.

③当$\boldsymbol{B}$的列向量均为$\boldsymbol{Ax}=\boldsymbol{0}$的解，即$\boldsymbol{AB}=\boldsymbol{O}$时，有$r(\boldsymbol{A})+r(\boldsymbol{B})\leqslant n$.

④当$\boldsymbol{B}\neq\boldsymbol{O}$，且其列向量均为$\boldsymbol{Ax}=\boldsymbol{0}$的解，即$\boldsymbol{AB}=\boldsymbol{O}$时，有$r(\boldsymbol{A})+r(\boldsymbol{B})\leqslant n$，$r(\boldsymbol{B})\geqslant 1$，$r(\boldsymbol{A})\leqslant n-1$，则$\boldsymbol{A}$列不满秩，即$\boldsymbol{A}$的列向量组线性相关.

⑤记$\boldsymbol{A}=\begin{bmatrix}\boldsymbol{\alpha}_1\\\boldsymbol{\alpha}_2\\\vdots\\\boldsymbol{\alpha}_m\end{bmatrix}$，$\boldsymbol{B}=[\boldsymbol{\beta}_1,\boldsymbol{\beta}_2,\cdots,\boldsymbol{\beta}_s]$，当$(\boldsymbol{\alpha}_i,\boldsymbol{\beta}_j)=0$，$i=1,2,\cdots,m$；$j=1,2,\cdots,s$，即$\boldsymbol{A}$的任一行向量均与$\boldsymbol{B}$的任一列向量正交时，有（$\boldsymbol{\alpha}_i$为矩阵$\boldsymbol{A}$的行向量）

$$\boldsymbol{AB}=\begin{bmatrix}(\boldsymbol{\alpha}_1,\boldsymbol{\beta}_1)&(\boldsymbol{\alpha}_1,\boldsymbol{\beta}_2)&\cdots&(\boldsymbol{\alpha}_1,\boldsymbol{\beta}_s)\\(\boldsymbol{\alpha}_2,\boldsymbol{\beta}_1)&(\boldsymbol{\alpha}_2,\boldsymbol{\beta}_2)&\cdots&(\boldsymbol{\alpha}_2,\boldsymbol{\beta}_s)\\\vdots&\vdots&&\vdots\\(\boldsymbol{\alpha}_m,\boldsymbol{\beta}_1)&(\boldsymbol{\alpha}_m,\boldsymbol{\beta}_2)&\cdots&(\boldsymbol{\alpha}_m,\boldsymbol{\beta}_s)\end{bmatrix}=\boldsymbol{O},$$

故$r(\boldsymbol{A})+r(\boldsymbol{B})\leqslant n$.

⑥由$\boldsymbol{AB}=\boldsymbol{O}$，便得$\boldsymbol{B}^{\mathrm{T}}\boldsymbol{A}^{\mathrm{T}}=\boldsymbol{O}$，可将①～⑤再研究一遍，加深理解.

例 4.6 设n阶矩阵$\boldsymbol{A}$，$\boldsymbol{B}$，$\boldsymbol{C}$满足$r(\boldsymbol{A})+r(\boldsymbol{B})+r(\boldsymbol{C})=r(\boldsymbol{ABC})+2n$，给出下列四个结论:

①$r(\boldsymbol{ABC})+n=r(\boldsymbol{AB})+r(\boldsymbol{C})$;

②$r(\boldsymbol{AB})+n=r(\boldsymbol{A})+r(\boldsymbol{B})$;

③$r(\boldsymbol{A})=r(\boldsymbol{B})=r(\boldsymbol{C})=n$;

④$r(\boldsymbol{AB})=r(\boldsymbol{BC})=n$.

所有正确结论的序号是（　　）.

（A）①②　　（B）①③　　（C）②④　　（D）③④

【解】应选（A）.

法一　由于（公式8）

$$r(\boldsymbol{A})+r(\boldsymbol{B})+r(\boldsymbol{C})=r(\boldsymbol{ABC})+2n\geqslant r(\boldsymbol{AB})+r(\boldsymbol{C})-n+2n$$
$$\geqslant r(\boldsymbol{A})+r(\boldsymbol{B})-n+r(\boldsymbol{C})-n+2n=r(\boldsymbol{A})+r(\boldsymbol{B})+r(\boldsymbol{C}),$$

故$r(\boldsymbol{ABC})+2n=r(\boldsymbol{AB})+r(\boldsymbol{C})+n$，$r(\boldsymbol{A})+r(\boldsymbol{B})+r(\boldsymbol{C})=r(\boldsymbol{AB})+r(\boldsymbol{C})+n$，可得$r(\boldsymbol{ABC})+n=r(\boldsymbol{AB})+r(\boldsymbol{C})$，$r(\boldsymbol{A})+r(\boldsymbol{B})=r(\boldsymbol{AB})+n$，则①，②正确.

综上，选（A）.

法二　排除法.取$\boldsymbol{A}=\begin{bmatrix}1&0\\0&0\end{bmatrix}$,$\boldsymbol{B}=\begin{bmatrix}0&0\\0&1\end{bmatrix}$,$\boldsymbol{C}=\boldsymbol{E}$,则$r(\boldsymbol{A})=1$,$r(\boldsymbol{B})=1$,$r(\boldsymbol{C})=2$,满足$r(\boldsymbol{A})+r(\boldsymbol{B})+r(\boldsymbol{C})=r(\boldsymbol{ABC})+2n$,代入可排除③，④，故选（A）.（$D_{41}$（试取特殊情形））

9. 设$\boldsymbol{A}$是$m\times n$矩阵，$\boldsymbol{B}$是$n\times s$矩阵，$\boldsymbol{C}$是$s\times t$矩阵，则$r(\boldsymbol{ABC})\geqslant r(\boldsymbol{AB})+r(\boldsymbol{BC})-r(\boldsymbol{B})$.

【注】证（左边乘$\boldsymbol{A}$加至；右边乘$(-\boldsymbol{C})$加至；$\times(-\boldsymbol{E})$）

$$\begin{bmatrix}\boldsymbol{ABC}&\boldsymbol{O}\\\boldsymbol{O}&\boldsymbol{B}\end{bmatrix}\to\begin{bmatrix}\boldsymbol{ABC}&\boldsymbol{AB}\\\boldsymbol{O}&\boldsymbol{B}\end{bmatrix}\to\begin{bmatrix}\boldsymbol{O}&\boldsymbol{AB}\\-\boldsymbol{BC}&\boldsymbol{B}\end{bmatrix}\to\begin{bmatrix}\boldsymbol{AB}&\boldsymbol{O}\\\boldsymbol{B}&-\boldsymbol{BC}\end{bmatrix}\to\begin{bmatrix}\boldsymbol{AB}&\boldsymbol{O}\\\boldsymbol{B}&\boldsymbol{BC}\end{bmatrix},$$

故$r(\boldsymbol{ABC})+r(\boldsymbol{B})=r\left(\begin{bmatrix}\boldsymbol{ABC}&\boldsymbol{O}\\\boldsymbol{O}&\boldsymbol{B}\end{bmatrix}\right)=r\left(\begin{bmatrix}\boldsymbol{AB}&\boldsymbol{O}\\\boldsymbol{B}&\boldsymbol{BC}\end{bmatrix}\right)\geqslant r(\boldsymbol{AB})+r(\boldsymbol{BC})$.证毕.

例4.7 设矩阵$\boldsymbol{A}_{m\times n}$，$\boldsymbol{B}_{n\times s}$满足$r(\boldsymbol{AB})=r(\boldsymbol{B})$，证明：对任意矩阵$\boldsymbol{C}_{s\times t}$，有$r(\boldsymbol{ABC})=r(\boldsymbol{BC})$.

【证】　由$r(\boldsymbol{ABC})\geqslant r(\boldsymbol{AB})+r(\boldsymbol{BC})-r(\boldsymbol{B})$，且$r(\boldsymbol{AB})=r(\boldsymbol{B})$，有$r(\boldsymbol{ABC})\geqslant r(\boldsymbol{BC})$.又$r(\boldsymbol{ABC})\leqslant r(\boldsymbol{BC})$，故$r(\boldsymbol{ABC})=r(\boldsymbol{BC})$.

【注】此证法极简.若研究$\boldsymbol{ABCx}=\boldsymbol{0}$与$\boldsymbol{BCx}=\boldsymbol{0}$同解，亦可得证，但不如此证法简便.

10. 设$\boldsymbol{A}$是$m\times n$实矩阵，则$r(\boldsymbol{A})=r(\boldsymbol{A}^{\mathrm{T}})=r(\boldsymbol{AA}^{\mathrm{T}})=r(\boldsymbol{A}^{\mathrm{T}}\boldsymbol{A})$.

【注】$\boldsymbol{A}^{\mathrm{T}}\boldsymbol{Ax}=\boldsymbol{0}$与$\boldsymbol{Ax}=\boldsymbol{0}$同解，$\boldsymbol{AA}^{\mathrm{T}}\boldsymbol{x}=\boldsymbol{0}$与$\boldsymbol{A}^{\mathrm{T}}\boldsymbol{x}=\boldsymbol{0}$同解，故$\boldsymbol{A}^{\mathrm{T}}\boldsymbol{A}$与$\boldsymbol{A}$的行向量组等价，$\boldsymbol{AA}^{\mathrm{T}}$与$\boldsymbol{A}^{\mathrm{T}}$的行向量组等价.

例 4.8 设A, B为n阶实矩阵，下列结论不成立的是（　　）.

（A）$r\left(\begin{bmatrix} A & AB \\ O & A^{\mathrm{T}} \end{bmatrix}\right)=2r(A)$　　（B）$r\left(\begin{bmatrix} A & O \\ O & A^{\mathrm{T}}A \end{bmatrix}\right)=2r(A)$

（C）$r\left(\begin{bmatrix} A & BA \\ O & AA^{\mathrm{T}} \end{bmatrix}\right)=2r(A)$　　（D）$r\left(\begin{bmatrix} A & O \\ BA & A^{\mathrm{T}} \end{bmatrix}\right)=2r(A)$

【解】应选（C）.

由矩阵的秩的性质知，$r(A)=r(A^{\mathrm{T}})=r(AA^{\mathrm{T}})=r(A^{\mathrm{T}}A)$.

故$r\left(\begin{bmatrix} A & O \\ O & A^{\mathrm{T}}A \end{bmatrix}\right)=2r(A)$，选项（B）成立.

在$\begin{bmatrix} A & AB \\ O & A^{\mathrm{T}} \end{bmatrix}$中，$AB$的列向量组可由$A$的列向量组线性表示，故$\begin{bmatrix} A & AB \\ O & A^{\mathrm{T}} \end{bmatrix}\to\begin{bmatrix} A & O \\ O & A^{\mathrm{T}} \end{bmatrix}$，故$r\left(\begin{bmatrix} A & AB \\ O & A^{\mathrm{T}} \end{bmatrix}\right)=2r(A)$，选项（A）成立.

同理，选项（D）也成立.

而选项（C），取$A=\begin{bmatrix} 0 & 1 \\ 0 & 1 \end{bmatrix}$，$B=\begin{bmatrix} 0 & 0 \\ 1 & 1 \end{bmatrix}$，$r\left(\begin{bmatrix} A & BA \\ O & AA^{\mathrm{T}} \end{bmatrix}\right)=r\left(\begin{bmatrix} 0 & 1 & 0 & 0 \\ 0 & 1 & 0 & 2 \\ 0 & 0 & 1 & 1 \\ 0 & 0 & 1 & 1 \end{bmatrix}\right)\neq 2r(A)$. 故选（C）.

11. 设A是n阶方阵，A^*是A的伴随矩阵，则$r(A^*)=\begin{cases} n, & r(A)=n, \\ 1, & r(A)=n-1, \\ 0, & r(A)<n-1. \end{cases}$

例 4.9 设A为4阶矩阵，A^*为A的伴随矩阵，若$A(A-A^*)=O$且$A\neq A^*$，则$r(A)$取值为（　　）.

（A）0或1　　（B）1或3　　（C）2或3　　（D）1或2

【解】应选（D）.

（$AB=O\Rightarrow r(A)+r(B)\leqslant n$）

由题意可知$A(A-A^*)=O$，故$r(A)+r(A-A^*)\leqslant 4$. 又$A\neq A^*$，故$A-A^*\neq O$，即$r(A-A^*)\geqslant 1$，因此$r(A)\leqslant 3$.

（$AA^*=|A|E$）（$AB=O\Rightarrow r(A)+r(B)\leqslant n$）

又$A(A-A^*)=A^2-AA^*=A^2-|A|E=A^2=O$，则$r(A)+r(A)\leqslant 4$，于是$r(A)\leqslant 2$，此时$r(A^*)=0$，故$A^*=O$，又$A\neq A^*$，所以$r(A)\geqslant 1$，故$r(A)=1$或2.

（用$r(A)$与$r(A^*)$的关系）

12. 设n阶矩阵A满足$A^2-(k_1+k_2)A+k_1k_2E=O$，$k_1\neq k_2$，则$r(A-k_1E)+r(A-k_2E)=n$.

【注】（1）**证**　由$A^2-(k_1+k_2)A+k_1k_2E=O$，得$(A-k_1E)(A-k_2E)=O$，于是

$$r(A-k_1E)+r(A-k_2E)\leqslant n.$$

又
$$\begin{aligned}r(A-k_1E)+r(A-k_2E)&=r(k_1E-A)+r(A-k_2E)\\&\geqslant r(k_1E-A+A-k_2E)\\&=r[(k_1-k_2)E]\\&=r(E)=n,\end{aligned}$$

故 $r(A-k_1E)+r(A-k_2E)=n$.

(2) 设 A 为 n 阶方阵，则由上述结论可知：

①若 $A^2=A$，则 → 见到 $f(A)$，想 $f(\lambda)$，故 $\lambda=0$ 或 1

a. $r(A)+r(A-E)=n$；

b. A 可相似对角化；

c. $A+E$ 可逆；→ $|A+E|\neq 0$，因 -1 不是特征值

d. $(A+E)^m=E+(2^m-1)A$. → 涉及幂的命题，考虑数学归纳法

②若 $A^2=E$，则 $r(A+E)+r(A-E)=n$.

13. 设 A 是 $m\times n$ 矩阵，则 $Ax=0$ 的基础解系所含向量的个数为 $s=n-r(A)$.

14. 方程组 $A_{m\times n}x=0$ 与 $B_{s\times n}x=0$ 同解 $\Leftrightarrow r(A)=r\left(\begin{bmatrix}A\\B\end{bmatrix}\right)=r(B)$. → 三秩相等！

15. 设两个向量组：（Ⅰ）$\alpha_1,\alpha_2,\cdots,\alpha_s$，（Ⅱ）$\beta_1,\beta_2,\cdots,\beta_t$，则 $r(\text{Ⅰ})=r(\text{Ⅱ})=r(\text{Ⅰ},\text{Ⅱ})\Leftrightarrow$ 向量组（Ⅰ）与向量组（Ⅱ）等价.

16. 若 $A\sim\Lambda$，则 $n_i=n-r(\lambda_iE-A)$，其中 λ_i 是 n_i 重特征根.

17. 若 $A\sim\Lambda$，则 $r(A)$ 等于非零特征值的个数，重根按重数算.

第5讲 线性方程组

三向解题法

- 线性方程组（O（盯住目标））
  - 1. 线性方程组理论总结（D_1（常规操作））
  - 2. 线性方程组问题（D_1（常规操作）+D_{22}（转换等价表述）+P_2（反证思路））
  - 3. 线性方程组的几何意义（仅数学一）（O_4（盯住目标 4）+D_1（常规操作）+D_{22}（转换等价表述）+D_{43}（数形结合））

- 1. 线性方程组理论总结（D_1（常规操作））
  - 齐次线性方程组 $\boldsymbol{Ax}=\boldsymbol{0}$（$D_1$（常规操作））
  - 非齐次线性方程组 $\boldsymbol{Ax}=\boldsymbol{b}$（$D_1$（常规操作））

- 2. 线性方程组问题（D_1（常规操作）+D_{22}（转换等价表述）+P_2（反证思路））
  - 一般求解问题（含参常考）（O_1（盯住目标1）+ D_1（常规操作）+P_2（反证思路））
  - 公共解问题（O_2（盯住目标 2）+ D_1（常规操作）+D_{22}（转换等价表述））
    - 齐次线性方程组公共非零解
    - 非齐次线性方程组公共解
  - 同解问题（O_3（盯住目标 3）+ D_1（常规操作）+D_{22}（转换等价表述））
    - 齐次线性方程组
    - 非齐次线性方程组

3. 线性方程组的几何意义（仅数学一）

（O_4（盯住目标4）+ D_1（常规操作）+D_{22}（转换等价表达）+D_{43}（数形结合））

设线性方程组

$$\begin{cases} a_1x+b_1y+c_1z=d_1, \\ a_2x+b_2y+c_2z=d_2, \\ a_3x+b_3y+c_3z=d_3. \end{cases}$$

记 $A=\begin{bmatrix} a_1 & b_1 & c_1 \\ a_2 & b_2 & c_2 \\ a_3 & b_3 & c_3 \end{bmatrix}$，$\overline{A}=\begin{bmatrix} a_1 & b_1 & c_1 & d_1 \\ a_2 & b_2 & c_2 & d_2 \\ a_3 & b_3 & c_3 & d_3 \end{bmatrix}$，

表达平面Π_i的方向

表达确定方向后Π_i的位置

且 Π_i（$i=1,2,3$）表示第 i 张平面：$a_ix+b_iy+c_iz=d_i$，$\boldsymbol{\alpha}_i$（$i=1,2,3$）表示第 i 张平面的法向量 $[a_i, b_i, c_i]$，即 A 的行向量，$\boldsymbol{\beta}_i$（$i=1,2,3$）表示 $[a_i, b_i, c_i, d_i]$，即 $\overline{A}$ 的行向量.

方程组有解的情形

（D_1（常规操作））

图形	几何意义	代数表达
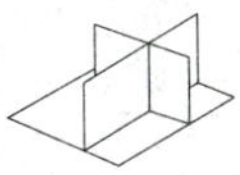	三张平面相交于一点	$r(A)=r(\overline{A})=3$
	三张平面相交于一条直线	$r(A)=r(\overline{A})=2$，且 $\boldsymbol{\beta}_1, \boldsymbol{\beta}_2, \boldsymbol{\beta}_3$ 中任意两个向量都线性无关 ↓ 任何两个面都不重合
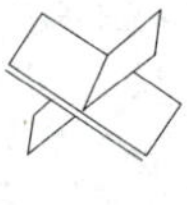	两张平面重合，第三张平面与之相交	$r(A)=r(\overline{A})=2$，且 $\boldsymbol{\beta}_1, \boldsymbol{\beta}_2, \boldsymbol{\beta}_3$ 中有两个向量线性相关 ↓ 存在两个面重合
	三张平面重合	$r(A)=r(\overline{A})=1$

方程组无解的情形

（D_1（常规操作））

图形	几何意义	代数表达
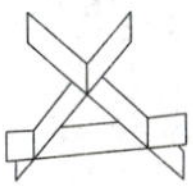	三张平面两两相交，且交线相互平行	$r(A)=2$，$r(\overline{A})=3$，且 $\boldsymbol{\alpha}_1, \boldsymbol{\alpha}_2, \boldsymbol{\alpha}_3$ 中任意两个向量都线性无关 ↓ 任何两个面都相交
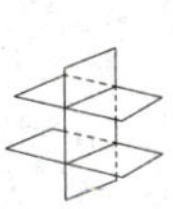	两张平面平行，第三张平面与它们相交	$r(A)=2$，$r(\overline{A})=3$，且 $\boldsymbol{\alpha}_1, \boldsymbol{\alpha}_2, \boldsymbol{\alpha}_3$ 中有两个向量线性相关 ↓ 存在两个面平行但不重合
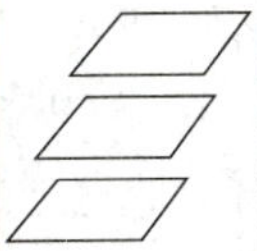	三张平面相互平行但不重合	$r(A)=1$，$r(\overline{A})=2$，且 $\boldsymbol{\beta}_1, \boldsymbol{\beta}_2, \boldsymbol{\beta}_3$ 中任意两个向量都线性无关 ↓ 任何两个面都不重合
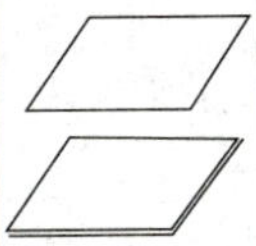	两张平面重合，第三张平面与它们平行但不重合	$r(A)=1$，$r(\overline{A})=2$，且 $\boldsymbol{\beta}_1, \boldsymbol{\beta}_2, \boldsymbol{\beta}_3$ 中有两个向量线性相关 ↓ 存在两个面重合

一、线性方程组理论总结（D_1（常规操作））

1. 齐次线性方程组 $\boldsymbol{Ax}=\boldsymbol{0}$（$D_1$（常规操作））

（1）解的性质．

对于齐次线性方程组

$$\boldsymbol{A}_{m\times n}\boldsymbol{x}=\boldsymbol{0},$$

若 ξ_1，ξ_2 是方程组 $\boldsymbol{Ax}=\boldsymbol{0}$ 的解，则 $\boldsymbol{x}=k_1\xi_1+k_2\xi_2$（$k_1$，$k_2\in\mathbf{R}$）也是它的解．

（2）基础解系与通解．

①设 $r(\boldsymbol{A})<n$，ξ_1，ξ_2，…，ξ_s 是方程组 $\boldsymbol{Ax}=\boldsymbol{0}$ 的一组解向量，如果

a. ξ_1，ξ_2，…，ξ_s 线性无关；

b. 方程组 $\boldsymbol{Ax}=\boldsymbol{0}$ 的任一解向量均可由 ξ_1，ξ_2，…，ξ_s 线性表示，即 $s=n-r(\boldsymbol{A})$，则称 ξ_1，ξ_2，…，ξ_s 是方程组 $\boldsymbol{Ax}=\boldsymbol{0}$ 的一个基础解系．

D_1（常规操作），牢记

【注】基础解系应满足三个条件：①是解；②线性无关；③ $s=n-r(\boldsymbol{A})$．

②齐次线性方程组 $\boldsymbol{Ax}=\boldsymbol{0}$ 有非零解的充要条件是 $r(\boldsymbol{A})<n$，此时它的通解为

$$\boldsymbol{x}=k_1\xi_1+k_2\xi_2+\cdots+k_{n-r}\xi_{n-r},$$

其中 $r=r(\boldsymbol{A})$，k_1，k_2，…，k_{n-r} 为任意常数．

（3）解与系数的关系．

若齐次线性方程组

$$\begin{cases}a_{11}x_1+a_{12}x_2+\cdots+a_{1n}x_n=0,\\ a_{21}x_1+a_{22}x_2+\cdots+a_{2n}x_n=0,\\ \qquad\cdots\cdots\\ a_{m1}x_1+a_{m2}x_2+\cdots+a_{mn}x_n=0\end{cases}$$

有解 $\boldsymbol{\beta}=[b_1,b_2,\cdots,b_n]^{\mathrm{T}}$，即

$$a_{i1}b_1+a_{i2}b_2+\cdots+a_{in}b_n=0\ (i=1,2,\cdots,m).$$

D_{22}（转换等价表述），且此条件较隐蔽，须注意

记系数矩阵 $\boldsymbol{A}$ 的行向量为 $\boldsymbol{\alpha}_i=[a_{i1},a_{i2},\cdots,a_{in}]$（$i=1,2,\cdots,m$），则上式即为

$$\boldsymbol{\alpha}_i\boldsymbol{\beta}=0\ (i=1,2,\cdots,m),$$

故系数矩阵 $\boldsymbol{A}$ 的行向量与 $\boldsymbol{Ax}=\boldsymbol{0}$ 的解向量正交．

2. 非齐次线性方程组 $\boldsymbol{Ax}=\boldsymbol{b}$（$D_1$（常规操作））

（1）解的性质．

对于非齐次线性方程组

$$\boldsymbol{A}_{m\times n}\boldsymbol{x}=\boldsymbol{b},$$

若 $\boldsymbol{\eta}_1$，$\boldsymbol{\eta}_2$ 都是方程组 $\boldsymbol{Ax}=\boldsymbol{b}$ 的解，则 $\boldsymbol{\eta}_1-\boldsymbol{\eta}_2$ 是相应的齐次线性方程组 $\boldsymbol{Ax}=\boldsymbol{0}$ 的解．

（2）非齐次线性方程组解的情形． D_1（常规操作），牢记

① 当 $r(\boldsymbol{A})=r([\boldsymbol{A},\boldsymbol{b}])=n$ 时，方程组有唯一解；

② 当 $r(\boldsymbol{A})=r([\boldsymbol{A},\boldsymbol{b}])<n$ 时，方程组有无穷多解；

③ 当 $r(\boldsymbol{A})\neq r([\boldsymbol{A},\boldsymbol{b}])$ 时，方程组无解.

（3）非齐次线性方程组的通解.

设 $r(\boldsymbol{A})=r<n$，若 $\xi_1,\xi_2,\cdots,\xi_{n-r}$ 为非齐次线性方程组 $\boldsymbol{Ax}=\boldsymbol{b}$ 相应的齐次线性方程组 $\boldsymbol{Ax}=\boldsymbol{0}$ 的基础解系，$\boldsymbol{\eta}^*$ 为非齐次线性方程组 $\boldsymbol{Ax}=\boldsymbol{b}$ 的一个特解，则非齐次线性方程组 $\boldsymbol{Ax}=\boldsymbol{b}$ 的通解为

$$\boldsymbol{x}=\boldsymbol{\eta}^*+k_1\xi_1+k_2\xi_2+\cdots+k_{n-r}\xi_{n-r},$$

其中 $k_1,k_2,\cdots,k_{n-r}$ 为任意常数.

【注】（1）与非齐次线性方程组 $\boldsymbol{Ax}=\boldsymbol{b}$ 对应的齐次线性方程组 $\boldsymbol{Ax}=\boldsymbol{0}$ 称为非齐次线性方程组 $\boldsymbol{Ax}=\boldsymbol{b}$ 的导出组，故上述结论可简述为非齐次线性方程组的通解等于它的一个特解与其导出组的通解之和.

（2）当未知数个数等于方程个数，且 $|\boldsymbol{A}|\neq 0$ 时，可用克拉默法则求解，即 $x_i=\dfrac{D_i}{|\boldsymbol{A}|},i=1,2,\cdots,n$.

（3）设 $\boldsymbol{\eta}^*$ 是非齐次线性方程组 $\boldsymbol{A}_{m\times n}\boldsymbol{x}=\boldsymbol{b}(\boldsymbol{b}\neq\boldsymbol{0})$ 的一个解，$\xi_1,\cdots,\xi_{n-r}$ 是其导出组 $\boldsymbol{Ax}=\boldsymbol{0}$ 的一个基础解系，且 $r(\boldsymbol{A})=r$，则

$\boldsymbol{Ax}=\boldsymbol{b}$ 的“广义基础解系”

① $\boldsymbol{\eta}^*,\boldsymbol{\eta}^*+\xi_1,\cdots,\boldsymbol{\eta}^*+\xi_{n-r}$ 线性无关；

② 非齐次线性方程组 $\boldsymbol{Ax}=\boldsymbol{b}$ 的任一解都可由 $\boldsymbol{\eta}^*,\boldsymbol{\eta}^*+\xi_1,\cdots,\boldsymbol{\eta}^*+\xi_{n-r}$ 线性表示.

二、线性方程组问题

（D_1（常规操作）+D_{22}（转换等价表述）+P_2（反证思路））

线性方程组问题分为①一般问题；②公共解问题；③同解问题.

1. 一般求解问题（含参常考）（O_1（盯住目标 1）+ D_1（常规操作）+P_2（反证思路））

例 5.1 设 $\boldsymbol{A}$ 是秩为 2 的 2×5 矩阵，$\boldsymbol{B}$ 是秩为 3 的 3×5 矩阵，若 $\boldsymbol{AB}^{\mathrm{T}}=\boldsymbol{O}$，则对于齐次线性方程组 $\boldsymbol{Ax}=\boldsymbol{0}$ 的任一非零解 $\boldsymbol{b}$ 有（　　）.

（A）$\boldsymbol{A}^{\mathrm{T}}\boldsymbol{y}=\boldsymbol{b}$ 有唯一解　　（B）$\boldsymbol{A}^{\mathrm{T}}\boldsymbol{y}=\boldsymbol{b}$ 有无穷多解

（C）$\boldsymbol{B}^{\mathrm{T}}\boldsymbol{y}=\boldsymbol{b}$ 有唯一解　　（D）$\boldsymbol{B}^{\mathrm{T}}\boldsymbol{y}=\boldsymbol{b}$ 有无穷多解

【解】应选（C）.

由题可得 $r(\boldsymbol{A})=2,\ r(\boldsymbol{B})=r(\boldsymbol{B}^{\mathrm{T}})=3$.

D_{22}（转换等价表述），见到 $\boldsymbol{AB}=\boldsymbol{O}$，想到 $\boldsymbol{AX}=\boldsymbol{O}$；见到 $|\boldsymbol{A}|=0$，想到 $\boldsymbol{AA}^*=\boldsymbol{O}$，$\boldsymbol{A}^*\boldsymbol{A}=\boldsymbol{O}$，想到 $\boldsymbol{AX}=\boldsymbol{O}$，$\boldsymbol{A}^*\boldsymbol{X}=\boldsymbol{O}$

又由于 $\boldsymbol{AB}^{\mathrm{T}}=\boldsymbol{O}$，即矩阵 $\boldsymbol{B}$ 的每一行的转置均为齐次线性方程组 $\boldsymbol{Ax}=\boldsymbol{0}$ 的解，且 $\boldsymbol{Ax}=\boldsymbol{0}$ 的基础解系中所含解向量的个数 $s=5-2=3$. 而矩阵 $\boldsymbol{B}$ 的三个行向量线性无关，故转置所对应的三个列向量是 $\boldsymbol{Ax}=\boldsymbol{0}$ 的一个基础解系.

又 $\boldsymbol{Ab}=\boldsymbol{0}$，且 $\boldsymbol{b}\neq\boldsymbol{0}$，于是 $\boldsymbol{b}$ 可由矩阵 $\boldsymbol{B}$ 的三个行向量的转置线性表示，即 $\boldsymbol{B}^{\mathrm{T}}\boldsymbol{y}=\boldsymbol{b}$ 有解，且

$r(\boldsymbol{B}^{\mathrm{T}})=r([\boldsymbol{B}^{\mathrm{T}},\boldsymbol{b}])=3$，$\boldsymbol{B}^{\mathrm{T}}\boldsymbol{y}=\boldsymbol{b}$有唯一解．

取$\boldsymbol{A}=\begin{bmatrix}1&0&0&0&0\\0&1&0&0&0\end{bmatrix}$，$\boldsymbol{B}=\begin{bmatrix}0&0&1&0&0\\0&0&0&1&0\\0&0&0&0&1\end{bmatrix}$，$\boldsymbol{b}=\begin{bmatrix}0\\0\\1\\0\\0\end{bmatrix}$，则$r([\boldsymbol{A}^{\mathrm{T}},\boldsymbol{b}])\neq r(\boldsymbol{A}^{\mathrm{T}})$，$r([\boldsymbol{B}^{\mathrm{T}},\boldsymbol{b}])=r(\boldsymbol{B}^{\mathrm{T}})=$ 3，故选项（A），（B），（D）错误．

例 5.2 设 2 阶矩阵 $\boldsymbol{A}$ 满足$a_{ij}+a_{ji}=0$，i，$j=1$，2．实矩阵$\boldsymbol{P}=[\boldsymbol{\alpha},\boldsymbol{A\alpha}]$，其中$\boldsymbol{A\alpha}$为非零列向量，则（　　）．

（A）$\begin{bmatrix}\boldsymbol{A}+\boldsymbol{A}^{\mathrm{T}}&\boldsymbol{O}\\\boldsymbol{E}&\boldsymbol{P}\end{bmatrix}\boldsymbol{x}=\boldsymbol{0}$只有零解

（B）$\begin{bmatrix}\boldsymbol{A}+\boldsymbol{E}&\boldsymbol{O}\\\boldsymbol{E}&\boldsymbol{P}\end{bmatrix}\boldsymbol{x}=\boldsymbol{0}$有非零解

（C）$\begin{bmatrix}\boldsymbol{O}&\boldsymbol{A}+\boldsymbol{A}^{\mathrm{T}}\\\boldsymbol{P}&\boldsymbol{E}\end{bmatrix}\boldsymbol{x}=\begin{bmatrix}\boldsymbol{\alpha}\\\boldsymbol{A\alpha}\end{bmatrix}$有无穷多解

（D）$\begin{bmatrix}\boldsymbol{O}&\boldsymbol{A}+\boldsymbol{E}\\\boldsymbol{P}&\boldsymbol{E}\end{bmatrix}\boldsymbol{x}=\begin{bmatrix}\boldsymbol{\alpha}\\\boldsymbol{A\alpha}\end{bmatrix}$有唯一解

【解】 应选（D）．

D_{21}（观察研究对象），第3讲，矩阵乘法的形状大观

由$a_{ij}+a_{ji}=0$，知$\boldsymbol{A}^{\mathrm{T}}=-\boldsymbol{A}$，于是$\boldsymbol{\alpha}^{\mathrm{T}}\boldsymbol{A\alpha}=(\boldsymbol{\alpha}^{\mathrm{T}}\boldsymbol{A\alpha})^{\mathrm{T}}=\boldsymbol{\alpha}^{\mathrm{T}}\boldsymbol{A}^{\mathrm{T}}\boldsymbol{\alpha}=-\boldsymbol{\alpha}^{\mathrm{T}}\boldsymbol{A\alpha}$，即$\boldsymbol{\alpha}^{\mathrm{T}}\boldsymbol{A\alpha}=0$，$\boldsymbol{\alpha}$与$\boldsymbol{A\alpha}$正交，即$\boldsymbol{P}=[\boldsymbol{\alpha},\boldsymbol{A\alpha}]$可逆．

对于选项（A），因为$\boldsymbol{A}^{\mathrm{T}}=-\boldsymbol{A}$，可得$\boldsymbol{A}+\boldsymbol{A}^{\mathrm{T}}=\boldsymbol{O}$，也即$\begin{bmatrix}\boldsymbol{A}+\boldsymbol{A}^{\mathrm{T}}&\boldsymbol{O}\\\boldsymbol{E}&\boldsymbol{P}\end{bmatrix}\boldsymbol{x}=\begin{bmatrix}\boldsymbol{O}&\boldsymbol{O}\\\boldsymbol{E}&\boldsymbol{P}\end{bmatrix}\boldsymbol{x}=\boldsymbol{0}$．

显然系数矩阵$\begin{bmatrix}\boldsymbol{O}&\boldsymbol{O}\\\boldsymbol{E}&\boldsymbol{P}\end{bmatrix}$不满秩，于是$\begin{bmatrix}\boldsymbol{A}+\boldsymbol{A}^{\mathrm{T}}&\boldsymbol{O}\\\boldsymbol{E}&\boldsymbol{P}\end{bmatrix}\boldsymbol{x}=\boldsymbol{0}$有无穷多解．

同理，对于选项（C），$\begin{bmatrix}\boldsymbol{O}&\boldsymbol{A}+\boldsymbol{A}^{\mathrm{T}}\\\boldsymbol{P}&\boldsymbol{E}\end{bmatrix}\boldsymbol{x}=\begin{bmatrix}\boldsymbol{O}&\boldsymbol{O}\\\boldsymbol{P}&\boldsymbol{E}\end{bmatrix}\boldsymbol{x}=\begin{bmatrix}\boldsymbol{\alpha}\\\boldsymbol{A\alpha}\end{bmatrix}$，而又因为$\boldsymbol{\alpha}$为非零列向量，其增广矩阵的秩$r\left(\left[\begin{array}{cc:c}\boldsymbol{O}&\boldsymbol{O}&\boldsymbol{\alpha}\\\boldsymbol{P}&\boldsymbol{E}&\boldsymbol{A\alpha}\end{array}\right]\right)>r\left(\begin{bmatrix}\boldsymbol{O}&\boldsymbol{O}\\\boldsymbol{P}&\boldsymbol{E}\end{bmatrix}\right)$，可知$\begin{bmatrix}\boldsymbol{O}&\boldsymbol{A}+\boldsymbol{A}^{\mathrm{T}}\\\boldsymbol{P}&\boldsymbol{E}\end{bmatrix}\boldsymbol{x}=\begin{bmatrix}\boldsymbol{\alpha}\\\boldsymbol{A\alpha}\end{bmatrix}$无解．

此外，由题意可知$\boldsymbol{A}=\begin{bmatrix}0&a\\-a&0\end{bmatrix}(a\neq 0)$，则$|\boldsymbol{A}+\boldsymbol{E}|=\begin{vmatrix}1&a\\-a&1\end{vmatrix}=1+a^2\neq 0$．

故$\begin{vmatrix}\boldsymbol{A}+\boldsymbol{E}&\boldsymbol{O}\\\boldsymbol{E}&\boldsymbol{P}\end{vmatrix}=|\boldsymbol{A}+\boldsymbol{E}||\boldsymbol{P}|\neq 0$，选项（B）只有零解，同理选项（D）有唯一解．

例 5.3 已知矩阵$\boldsymbol{A}=\begin{bmatrix}2&1&-1\\1&-1&1\\4&5&-5\end{bmatrix}$．

（1）求一个秩为 1 的 3 阶矩阵 $\boldsymbol{C}$，使得 $\boldsymbol{AC}$ 为零矩阵；

（2）证明：不存在秩为 2 的 3 阶矩阵 C，使得 AC 为零矩阵.

（1）【解】设 a，b，c 不全为 0，且令 $C=\begin{bmatrix} a & a & a \\ b & b & b \\ c & c & c \end{bmatrix}$. 由 $AC=O$，即 $\begin{bmatrix} 2 & 1 & -1 \\ 1 & -1 & 1 \\ 4 & 5 & -5 \end{bmatrix}\begin{bmatrix} a \\ b \\ c \end{bmatrix}=\mathbf{0}$，也即 $Ax=\mathbf{0}$.

对 A 作初等行变换得

$$\begin{bmatrix} 2 & 1 & -1 \\ 1 & -1 & 1 \\ 4 & 5 & -5 \end{bmatrix} \xrightarrow{(-1)\text{倍加至}} \begin{bmatrix} 1 & 2 & -2 \\ 1 & -1 & 1 \\ 4 & 5 & -5 \end{bmatrix} \xrightarrow[(-4)\text{倍加至}]{(-1)\text{倍加至}} \begin{bmatrix} 1 & 2 & -2 \\ 0 & -3 & 3 \\ 0 & -3 & 3 \end{bmatrix} \xrightarrow{(-1)\text{倍加至}}$$

$$\begin{bmatrix} 1 & 2 & -2 \\ 0 & -3 & 3 \\ 0 & 0 & 0 \end{bmatrix} \xrightarrow{\times\left(-\frac{1}{3}\right)} \begin{bmatrix} 1 & 2 & -2 \\ 0 & 1 & -1 \\ 0 & 0 & 0 \end{bmatrix} \xrightarrow{(-2)\text{倍加至}} \begin{bmatrix} 1 & 0 & 0 \\ 0 & 1 & -1 \\ 0 & 0 & 0 \end{bmatrix},$$

则可取 $[a, b, c]^{\mathrm{T}}=[0, 1, 1]^{\mathrm{T}}$，满足条件，故有 $C=\begin{bmatrix} 0 & 0 & 0 \\ 1 & 1 & 1 \\ 1 & 1 & 1 \end{bmatrix}$，$r(C)=1$，满足 $AC=O$.

（2）【证】由（1）可知，$r(A)=2$，设存在 3 阶矩阵 C，且 $r(C)=2$，满足 $AC=O$，则 $r(A)+r(C)\leqslant 3$，得 $r(A)\leqslant 1$，与 $r(A)=2$ 矛盾. 于是不存在秩为 2 的 3 阶矩阵 C，使得 AC 为零矩阵.（$\to P_2$（反证思路））

2. 公共解问题（O_2（盯住目标 2）$+$ D_1（常规操作）$+D_{22}$（转换等价表述））

（1）齐次线性方程组公共非零解.

①对于齐次线性方程组 $Ax=\mathbf{0}$ 和 $Bx=\mathbf{0}$，因其必有公共零解，故要求公共解，主要着眼于求公共非零解，联立方程组求解是基本办法.

② $A_{m\times n}x=\mathbf{0}$ 和 $B_{s\times n}x=\mathbf{0}$ 有公共非零解的充要条件是 $\begin{bmatrix} A \\ B \end{bmatrix}x=\mathbf{0}$ 有非零解，也即 $r\left(\begin{bmatrix} A \\ B \end{bmatrix}\right)<n$.

（2）非齐次线性方程组公共解.

①非齐次线性方程组公共解本质上也是方程组联立解，这个思路一定要记住.

②设（Ⅰ）$A_{m\times n}x=\beta$ 与（Ⅱ）$B_{s\times n}x=\gamma$ 均有解，则（Ⅰ）与（Ⅱ）有公共解的充要条件是 $r\left(\begin{bmatrix} A \\ B \end{bmatrix}\right)=r\left(\begin{bmatrix} A & \beta \\ B & \gamma \end{bmatrix}\right)$.

等价表述体系块

例 5.4 设矩阵 $A=\begin{bmatrix} 0 & -1 & 2 \\ -1 & 0 & 2 \\ -1 & -1 & a \end{bmatrix}$，已知 1 是 A 的特征多项式的重根.

（1）求 a 的值；

（2）求所有满足$A\alpha=\alpha+\beta$，$A^2\alpha=\alpha+2\beta$的非零列向量α，β．

D$_{22}$（转换等价表述）

【解】（1）$f(\lambda)=|\lambda E-A|=(\lambda-1)[(\lambda-a)(\lambda+1)+4]$，因为1是$A$的特征多项式的重根，故$(1-a)(1+1)+4=0$，$a=3$．

（2）**法一**　由（1）可知$A=\begin{bmatrix}0&-1&2\\-1&0&2\\-1&-1&3\end{bmatrix}$，由$A\alpha=\alpha+\beta$，得$2A\alpha=2\alpha+2\beta$，与$A^2\alpha=\alpha+2\beta$联立得$2A\alpha-A^2\alpha=\alpha$，即$(A-E)^2\alpha=\mathbf{0}$．

D$_1$（常规操作），联立方程组求解是基本方法

易求得$(A-E)^2=O$，故α为任意的非零列向量，即$\alpha=[a_1,a_2,a_3]^{\mathrm{T}}$，$a_1,a_2,a_3$不全为零，则

$$\beta=(A-E)\alpha=\begin{bmatrix}-1&-1&2\\-1&-1&2\\-1&-1&2\end{bmatrix}\begin{bmatrix}a_1\\a_2\\a_3\end{bmatrix}=\begin{bmatrix}2a_3-a_1-a_2\\2a_3-a_1-a_2\\2a_3-a_1-a_2\end{bmatrix}，其中a_1+a_2\neq 2a_3．$$

综上$\alpha=\begin{bmatrix}a_1\\a_2\\a_3\end{bmatrix}$，$\beta=\begin{bmatrix}2a_3-a_1-a_2\\2a_3-a_1-a_2\\2a_3-a_1-a_2\end{bmatrix}$（$a_1,a_2,a_3$不全为零，$a_1+a_2\neq 2a_3$）.

法二　由题设得$\beta=A\alpha-\alpha$，$A^2\alpha-A\alpha=\beta$，于是$A\beta=A^2\alpha-A\alpha=\beta$，即$(A-E)\beta=\mathbf{0}$．

解线性方程组$(E-A)x=\mathbf{0}$，得两个线性无关的解向量$\alpha_1=\begin{bmatrix}-1\\1\\0\end{bmatrix}$，$\alpha_2=\begin{bmatrix}2\\0\\1\end{bmatrix}$，因此，$\beta=\begin{bmatrix}-k+2l\\k\\l\end{bmatrix}$，其中$k$，$l$不同时为0.

再由题设，可知α为线性方程组$(A-E)x=\beta$的非零解．

对增广矩阵施以初等行变换，得

$$[A-E,\beta]\to\left[\begin{array}{ccc:c}-1&-1&2&-k+2l\\0&0&0&2k-2l\\0&0&0&k-l\end{array}\right].$$

故$(A-E)x=\beta$当且仅当$k=l\neq0$时有非零解．

综上，满足方程组的非零列向量为$\beta=\begin{bmatrix}k\\k\\k\end{bmatrix}$，$\alpha=\begin{bmatrix}-k-p+2q\\p\\q\end{bmatrix}$，其中$k$，$p$，$q\in\mathbf{R}$且$k\neq0$．

例5.5　设3阶矩阵A，B满足$r(AB)=r(BA)+1$，则（　　）．

（A）方程组$(A+B)x=\mathbf{0}$只有零解

（B）方程组$Ax=\mathbf{0}$与方程组$Bx=\mathbf{0}$均只有零解

（C）方程组$Ax=\mathbf{0}$与方程组$Bx=\mathbf{0}$没有公共非零解

（D）方程组$ABAx=\mathbf{0}$与方程组$BABx=\mathbf{0}$有公共非零解

【解】应选（D）.

因为$r(\boldsymbol{AB})=r(\boldsymbol{BA})+1\leqslant 3$，可得$r(\boldsymbol{BA})\leqslant 2$．若$r(\boldsymbol{BA})=2$，则有$|\boldsymbol{BA}|=0$，而此时$r(\boldsymbol{AB})=3$可得$|\boldsymbol{AB}|\neq 0$，又因为$|\boldsymbol{BA}|=|\boldsymbol{AB}|$，所以矛盾，故$r(\boldsymbol{BA})\leqslant 1$，进而可得

$$r\left(\begin{bmatrix}\boldsymbol{ABA}\\ \boldsymbol{BAB}\end{bmatrix}\right)\leqslant r(\boldsymbol{ABA})+r(\boldsymbol{BAB})\leqslant r(\boldsymbol{BA})+r(\boldsymbol{BA})\leqslant 2,$$

则$\begin{bmatrix}\boldsymbol{ABA}\\ \boldsymbol{BAB}\end{bmatrix}\boldsymbol{x}=\boldsymbol{0}$有非零解，（D）正确．

排除法．取$\boldsymbol{A}=\begin{bmatrix}1&0&0\\0&0&0\\0&0&0\end{bmatrix}$, $\boldsymbol{B}=\begin{bmatrix}0&0&1\\0&0&0\\0&0&0\end{bmatrix}$，则$\boldsymbol{AB}=\begin{bmatrix}0&0&1\\0&0&0\\0&0&0\end{bmatrix}$，$r(\boldsymbol{AB})=1$．

$\boldsymbol{BA}=\begin{bmatrix}0&0&0\\0&0&0\\0&0&0\end{bmatrix}$，$r(\boldsymbol{BA})=0$，满足$r(\boldsymbol{AB})=r(\boldsymbol{BA})+1$．

$\boldsymbol{A}+\boldsymbol{B}=\begin{bmatrix}1&0&1\\0&0&0\\0&0&0\end{bmatrix}$，$r(\boldsymbol{A}+\boldsymbol{B})=1$，排除（A）．

$r(\boldsymbol{A})=r(\boldsymbol{B})=1$，排除（B）．

因为$\boldsymbol{Ax}=\boldsymbol{0}$与$\boldsymbol{Bx}=\boldsymbol{0}$组成的方程组为$\begin{cases}x_1=0,\\x_3=0,\end{cases}$则非零解为$k\begin{bmatrix}0\\1\\0\end{bmatrix}(k\neq 0)$，排除（C）．

3. 同解问题（O_3（盯住目标3）+ D_1（常规操作）+D_{22}（转换等价表述））

（1）齐次线性方程组．→ D_{22}（转换等价表述），若对于一个知识点，有多种等价说法或对于一个命题有多种充要条件，那么这里的D_2（脱胎换骨）就成了极为重要的考点，以下①，②，③形成新的D_{22}（转换等价表述）——互相转换成彼此形式

①方程组$\boldsymbol{A}_{m\times n}\boldsymbol{x}=\boldsymbol{0}$与$\boldsymbol{B}_{s\times n}\boldsymbol{x}=\boldsymbol{0}$同解的充要条件是$r\left(\begin{bmatrix}\boldsymbol{A}\\ \boldsymbol{B}\end{bmatrix}\right)=r(\boldsymbol{A})=r(\boldsymbol{B})$.

【注】**证** 设$\boldsymbol{Ax}=\boldsymbol{0}$的基础解系为$\xi_1,\xi_2,\cdots,\xi_t$，$\boldsymbol{Bx}=\boldsymbol{0}$的基础解系为$\boldsymbol{\eta}_1,\boldsymbol{\eta}_2,\cdots,\boldsymbol{\eta}_t$.

$\boldsymbol{Ax}=\boldsymbol{0}$与$\boldsymbol{Bx}=\boldsymbol{0}$同解$\Leftrightarrow$（Ⅰ）$\xi_1,\xi_2,\cdots,\xi_t$与（Ⅱ）$\boldsymbol{\eta}_1,\boldsymbol{\eta}_2,\cdots,\boldsymbol{\eta}_t$等价

$\Leftrightarrow r$（Ⅰ）$=r$（Ⅱ），且（Ⅰ）可由（Ⅱ）线性表示

$\Leftrightarrow r$（Ⅰ）$=r$（Ⅱ）$=r$（Ⅰ，Ⅱ）

$\Leftrightarrow r(\boldsymbol{A})=r(\boldsymbol{B})$，且$\boldsymbol{Ax}=\boldsymbol{0}$的解均为$\boldsymbol{Bx}=\boldsymbol{0}$的解

$\Leftrightarrow r(\boldsymbol{A})=r(\boldsymbol{B})=r\left(\begin{bmatrix}\boldsymbol{A}\\ \boldsymbol{B}\end{bmatrix}\right)$.

②方程组$\boldsymbol{A}_{m\times n}\boldsymbol{x}=\boldsymbol{0}$与$\boldsymbol{B}_{s\times n}\boldsymbol{x}=\boldsymbol{0}$同解的充要条件是$\boldsymbol{A}$的行向量组与$\boldsymbol{B}$的行向量组等价.

【注】显然由①的证明过程即可获得此结论．

等价表述体系块

③设矩阵$A_{m\times n}$，$B_{s\times n}$，则$Ax=0$与$Bx=0$同解的充要条件是存在矩阵P，Q，使得$B=PA$，$A=QB$.

【注】证　设$Ax=0$与$Bx=0$的通解分别为x_A，x_B，先证x_A可由x_B线性表示的充要条件是存在$s\times m$矩阵P，使得$PA=B$.

若$PA=B$，设x_A是$Ax=0$的解，则$Ax_A=0$，于是$PAx_A=Bx_A=0$，即x_A为$Bx=0$的解，x_A可由x_B线性表示.

反过来，若$Ax=0$的解均为$Bx=0$的解，则$Ax=0$与$\begin{bmatrix}A\\B\end{bmatrix}x=0$同解，即$x_A$可由$x_B$线性表示，从而$r\left(\begin{bmatrix}A\\B\end{bmatrix}\right)=r(A)$，即$B$的行向量可由$A$的行向量组线性表示．故存在$s\times m$矩阵$P$，使得$PA=B$.

同理可证$A=QB$.

例5.6 设A，B为n阶矩阵，且A满足$A^2-A=3E$，则与$\begin{bmatrix}A\\B\end{bmatrix}x=0$不同解的是（　　）.

D_{22}（转换等价表述），同解⇒上述①～③均可，由题干与选项，宜用③

(A) $\begin{bmatrix}A-B\\A+AB\end{bmatrix}x=0$　　(B) $\begin{bmatrix}A+B\\A+AB-B\end{bmatrix}x=0$

(C) $\begin{bmatrix}A-B\\2A+B\end{bmatrix}x=0$　　(D) $\begin{bmatrix}A+B\\BA+B^2\end{bmatrix}x=0$

【解】应选（D）.

由题设可知，$A+E$可逆，$A-2E$可逆.

对于选项（A），$\begin{bmatrix}A-B\\A+AB\end{bmatrix}=\begin{bmatrix}E&-E\\E&A\end{bmatrix}\begin{bmatrix}A\\B\end{bmatrix}$，其中$\begin{bmatrix}E&-E\\E&A\end{bmatrix}\to\begin{bmatrix}E&-E\\O&A+E\end{bmatrix}$，由$\begin{bmatrix}E&-E\\O&A+E\end{bmatrix}$可逆，得$\begin{bmatrix}E&-E\\E&A\end{bmatrix}$可逆，于是$\begin{bmatrix}A-B\\A+AB\end{bmatrix}x=\begin{bmatrix}E&-E\\E&A\end{bmatrix}\begin{bmatrix}A\\B\end{bmatrix}x=0$与$\begin{bmatrix}A\\B\end{bmatrix}x=0$同解.

同理，对于选项（B），$\begin{bmatrix}A+B\\A+AB-B\end{bmatrix}=\begin{bmatrix}E&E\\E&A-E\end{bmatrix}\begin{bmatrix}A\\B\end{bmatrix}$，其中$\begin{bmatrix}E&E\\E&A-E\end{bmatrix}\to\begin{bmatrix}E&E\\O&A-2E\end{bmatrix}$，由$\begin{bmatrix}E&E\\O&A-2E\end{bmatrix}$可逆，可知$\begin{bmatrix}A+B\\A+AB-B\end{bmatrix}x=0$与$\begin{bmatrix}A\\B\end{bmatrix}x=0$同解.

对于选项（C），$\begin{bmatrix}A-B\\2A+B\end{bmatrix}=\begin{bmatrix}E&-E\\2E&E\end{bmatrix}\begin{bmatrix}A\\B\end{bmatrix}$，其中$\begin{bmatrix}E&-E\\2E&E\end{bmatrix}\to\begin{bmatrix}E&-E\\3E&O\end{bmatrix}$，由$\begin{bmatrix}E&-E\\3E&O\end{bmatrix}$可逆，可知$\begin{bmatrix}A-B\\2A+B\end{bmatrix}x=0$与$\begin{bmatrix}A\\B\end{bmatrix}x=0$同解.

对于选项（D），$\begin{bmatrix}A+B\\BA+B^2\end{bmatrix}=\begin{bmatrix}E&E\\B&B\end{bmatrix}\begin{bmatrix}A\\B\end{bmatrix}$，其中$\begin{bmatrix}E&E\\B&B\end{bmatrix}\to\begin{bmatrix}E&O\\B&O\end{bmatrix}$，由$\begin{bmatrix}E&O\\B&O\end{bmatrix}$不可逆，可知$\begin{bmatrix}A+B\\BA+B^2\end{bmatrix}x=0$与$\begin{bmatrix}A\\B\end{bmatrix}x=0$不同解.

例 5.7 设矩阵$A=\begin{bmatrix}4&2&-3\\a&3&-4\\b&5&-7\end{bmatrix}$，若方程组$A^2x=0$与$Ax=0$不同解，则$a-b=$________.

【解】应填-4.

若$A^2x=0$与$Ax=0$同解，则三秩相等，即

$$r(A)=r(A^2)=r\left(\begin{bmatrix}A\\A^2\end{bmatrix}\right).$$

P_4（逆否思路），"$A\Rightarrow B$"转化为"$\overline{B}\Rightarrow\overline{A}$"

如果A可逆，三秩显然相等，则$A^2x=0$与$Ax=0$同解，于是要想$A^2x=0$与$Ax=0$不同解，即A不可逆，于是$|A|=0$. 根据行列式的倍加性质易得

$$|A|=\begin{vmatrix}4&2&-3\\a&3&-4\\b&5&-7\end{vmatrix}=\begin{vmatrix}4&2&-1\\a&3&-1\\b&5&-2\end{vmatrix}=\begin{vmatrix}4&0&-1\\a&1&-1\\b&1&-2\end{vmatrix}=4(-2+1)-(a-b),$$

令$|A|=0$，有$a-b=-4$.

（2）非齐次线性方程组.

D_{22}（转换等价表述），若对于一个知识点，有多种等价说法或对于一个命题有多种充要条件，那么这里的D_2（脱胎换骨）就成了极为重要的考点

设（Ⅰ）$A_{m\times n}x=\beta$与（Ⅱ）$B_{s\times n}x=\gamma$均有解，则

①（Ⅰ）与（Ⅱ）同解$\Leftrightarrow$② $A_{m\times n}x=0$与$B_{s\times n}x=0$同解且（Ⅰ）与（Ⅱ）有公共解

$\Leftrightarrow$③ $r\left(\begin{bmatrix}A&\beta\\B&\gamma\end{bmatrix}\right)=r\left(\begin{bmatrix}A\\B\end{bmatrix}\right)=r(A)=r(B)$

$\Leftrightarrow$④ $[A,\beta]$与$[B,\gamma]$的行向量组等价.

（等价表述体系块）

【注】证 ①$\Rightarrow$②：当（Ⅰ）与（Ⅱ）同解时，设η^*为其任一解，即$A\eta^*=\beta$，$B\eta^*=\gamma$. 又设ξ为$Ax=0$的任一解，即$A\xi=0$，于是$A(\eta^*+\xi)=\beta$，且$B(\eta^*+\xi)=\gamma$，从而$B\xi=0$，即ξ也为$Bx=0$的解. 反过来，同理可证，若α为$Bx=0$的任一解，则α也为$Ax=0$的解，故$Ax=0$与$Bx=0$同解. 又因（Ⅰ），（Ⅱ）同解，知（Ⅰ），（Ⅱ）有公共解. ②成立.

②$\Rightarrow$③：因$Ax=0$与$Bx=0$同解，则有$r(A)=r(B)=r\left(\begin{bmatrix}A\\B\end{bmatrix}\right)$. 又$\begin{cases}A_{m\times n}x=\beta,\\B_{s\times n}x=\gamma\end{cases}$有解，则$r\left(\begin{bmatrix}A\\B\end{bmatrix}\right)=r\left(\begin{bmatrix}A&\beta\\B&\gamma\end{bmatrix}\right)$. ③成立.

③$\Rightarrow$④：由于（Ⅰ），（Ⅱ）均有解，故$r([A,\beta])=r(A)$，$r([B,\gamma])=r(B)$，于是$r([A,\beta])=r\left(\begin{bmatrix}A&\beta\\B&\gamma\end{bmatrix}\right)$，$r([B,\gamma])=r\left(\begin{bmatrix}A&\beta\\B&\gamma\end{bmatrix}\right)$. 故$[A,\beta]$与$[B,\gamma]$的行向量组等价. ④成立.

④$\Rightarrow$①：由④，存在矩阵P，使得$P[A,\beta]=[B,\gamma]$，即$PA=B$，$P\beta=\gamma$；存在矩阵Q，使得$Q[B,\gamma]=$

$[\boldsymbol{A},\boldsymbol{\beta}]$，即$\boldsymbol{QB}=\boldsymbol{A}$，$\boldsymbol{Q}\gamma=\boldsymbol{\beta}$.

现设$\boldsymbol{\eta}^*$为（Ⅰ）的任一解，即$\boldsymbol{A}\boldsymbol{\eta}^*=\boldsymbol{\beta}$，则$\boldsymbol{B}\boldsymbol{\eta}^*=\boldsymbol{PA}\boldsymbol{\eta}^*=\boldsymbol{P}\boldsymbol{\beta}=\gamma$，即$\boldsymbol{\eta}^*$也为（Ⅱ）的任一解.

反过来，亦可证明（Ⅱ）的任一解亦是（Ⅰ）的任一解.①成立.

证明①～④循环封闭，故①～④为等价命题.

例 5.8 设矩阵$\boldsymbol{A}=\begin{bmatrix}1&-1&0&-1\\1&1&0&3\\2&1&2&6\end{bmatrix}$，$\boldsymbol{B}=\begin{bmatrix}1&0&1&2\\1&-1&a&a-1\\2&-3&2&-2\end{bmatrix}$，向量$\boldsymbol{\alpha}=\begin{bmatrix}0\\2\\3\end{bmatrix}$，$\boldsymbol{\beta}=\begin{bmatrix}1\\0\\-1\end{bmatrix}$.

（1）证明：方程组$\boldsymbol{Ax}=\boldsymbol{\alpha}$的解均为方程组$\boldsymbol{Bx}=\boldsymbol{\beta}$的解；

（2）若方程组$\boldsymbol{Ax}=\boldsymbol{\alpha}$与方程组$\boldsymbol{Bx}=\boldsymbol{\beta}$不同解，求$a$的值.

D_{22}（转换等价表述），将①⇔③转化为$\overline{①}$⇔$\overline{③}$

（1）【证】对$\boldsymbol{Ax}=\boldsymbol{\alpha}$的增广矩阵施以初等行变换，有

步骤一：求方程组（Ⅰ）的通解

$$[\boldsymbol{A},\boldsymbol{\alpha}]=\left[\begin{array}{cccc:c}1&-1&0&-1&0\\1&1&0&3&2\\2&1&2&6&3\end{array}\right]\to\left[\begin{array}{cccc:c}1&0&0&1&1\\0&1&0&2&1\\0&0&1&1&0\end{array}\right],$$

得$\boldsymbol{Ax}=\boldsymbol{\alpha}$的通解为

$$\boldsymbol{x}=\begin{bmatrix}1\\1\\0\\0\end{bmatrix}+k\begin{bmatrix}-1\\-2\\-1\\1\end{bmatrix}=\begin{bmatrix}1-k\\1-2k\\-k\\k\end{bmatrix}，其中k为任意常数.$$

步骤二：将（Ⅰ）的通解代入（Ⅱ）

将$\boldsymbol{Ax}=\boldsymbol{\alpha}$的通解代入$\boldsymbol{Bx}$得

$$\boldsymbol{Bx}=\begin{bmatrix}1&0&1&2\\1&-1&a&a-1\\2&-3&2&-2\end{bmatrix}\begin{bmatrix}1-k\\1-2k\\-k\\k\end{bmatrix}=\begin{bmatrix}1\\0\\-1\end{bmatrix}=\boldsymbol{\beta},$$

步骤三：验证（Ⅰ）的通解满足（Ⅱ）

（1）的解答过程完整展示了"方程组（Ⅰ）的解是方程组（Ⅱ）的解"的常规解法，一定要掌握

所以方程组$\boldsymbol{Ax}=\boldsymbol{\alpha}$的解均为方程组$\boldsymbol{Bx}=\boldsymbol{\beta}$的解.

（2）【解】对$\boldsymbol{Bx}=\boldsymbol{\beta}$的增广矩阵施以初等行变换，有

$$[\boldsymbol{B},\boldsymbol{\beta}]=\left[\begin{array}{cccc:c}1&0&1&2&1\\1&-1&a&a-1&0\\2&-3&2&-2&-1\end{array}\right]\to\left[\begin{array}{cccc:c}1&0&1&2&1\\0&1&1-a&3-a&1\\0&0&a-1&a-1&0\end{array}\right].$$

当$a\neq1$时，再经初等行变换，有

$$[\boldsymbol{B},\boldsymbol{\beta}]\to\left[\begin{array}{cccc:c}1&0&1&2&1\\0&1&1-a&3-a&1\\0&0&a-1&a-1&0\end{array}\right]\to\left[\begin{array}{cccc:c}1&0&0&1&1\\0&1&0&2&1\\0&0&1&1&0\end{array}\right],$$

得方程组$\boldsymbol{Bx}=\boldsymbol{\beta}$的通解为

$$x=\begin{bmatrix}1\\1\\0\\0\end{bmatrix}+k\begin{bmatrix}-1\\-2\\-1\\1\end{bmatrix},\text{其中}k\text{为任意常数},$$

所以方程组$\boldsymbol{Ax}=\boldsymbol{\alpha}$与方程组$\boldsymbol{Bx}=\boldsymbol{\beta}$同解.

当$a=1$时，经初等行变换，有

$$[\boldsymbol{B},\boldsymbol{\beta}]\to\left[\begin{array}{cccc|c}1&0&1&2&1\\0&1&0&2&1\\0&0&0&0&0\end{array}\right],$$

D$_{22}$（转换等价表述）

知$r([\boldsymbol{A},\boldsymbol{\alpha}])\neq r([\boldsymbol{B},\boldsymbol{\beta}])$. 所以方程组$\boldsymbol{Ax}=\boldsymbol{\alpha}$与方程组$\boldsymbol{Bx}=\boldsymbol{\beta}$不同解.

综上可知，$a=1$.

三、线性方程组的几何意义（仅数学一）

（O$_4$（盯住目标 4）+ D$_1$（常规操作）+D$_{22}$（转换等价表述）+D$_{43}$（数形结合））

设线性方程组

$$\begin{cases}a_1x+b_1y+c_1z=d_1,\\a_2x+b_2y+c_2z=d_2,\\a_3x+b_3y+c_3z=d_3.\end{cases}$$

表达平面Π_i的方向　　　　表达确定方向后Π_i的位置

记
$$\boldsymbol{A}=\begin{bmatrix}a_1&b_1&c_1\\a_2&b_2&c_2\\a_3&b_3&c_3\end{bmatrix},\ \overline{\boldsymbol{A}}=\begin{bmatrix}a_1&b_1&c_1&d_1\\a_2&b_2&c_2&d_2\\a_3&b_3&c_3&d_3\end{bmatrix},$$

且Π_i（$i=1,2,3$）表示第i张平面：$a_ix+b_iy+c_iz=d_i$，$\boldsymbol{\alpha}_i$（$i=1,2,3$）表示第i张平面的法向量$[a_i,b_i,c_i]$，即$\boldsymbol{A}$的行向量，$\boldsymbol{\beta}_i$（$i=1,2,3$）表示$[a_i,b_i,c_i,d_i]$，即$\overline{\boldsymbol{A}}$的行向量.

【注】以下$i\neq j$.

①$\boldsymbol{\alpha}_i$与$\boldsymbol{\alpha}_j$线性相关$\Leftrightarrow\Pi_i$与Π_j平行或重合.

②$\boldsymbol{\alpha}_i$与$\boldsymbol{\alpha}_j$线性无关$\Leftrightarrow\Pi_i$与Π_j相交.

③$\boldsymbol{\beta}_i$与$\boldsymbol{\beta}_j$线性相关$\Leftrightarrow\Pi_i$与Π_j重合.

如$\Pi_1:x+y+z=1$，$\Pi_2:2x+2y+2z=2$，其中

$$\boldsymbol{\beta}_1=[1,1,1,1],\ \boldsymbol{\beta}_2=[2,2,2,2],$$

$\boldsymbol{\beta}_1$与$\boldsymbol{\beta}_2$线性相关，故Π_1与Π_2重合.

④$\boldsymbol{\beta}_i$ 与 $\boldsymbol{\beta}_j$ 线性无关 $\Leftrightarrow \Pi_i$ 与 Π_j 不重合．

如 $\Pi_1: x+y+z=0$，$\Pi_2: x+y+z=1$，其中

$$\boldsymbol{\beta}_1=[1, 1, 1, 0], \boldsymbol{\beta}_2=[1, 1, 1, 1],$$

$\boldsymbol{\beta}_1$ 与 $\boldsymbol{\beta}_2$ 线性无关，故 Π_1 与 Π_2 不重合．

综上，可按不同情形列表（a）和表（b）．

D_1（常规操作）

表（a）　方程组有解的情形

图形	几何意义	代数表达
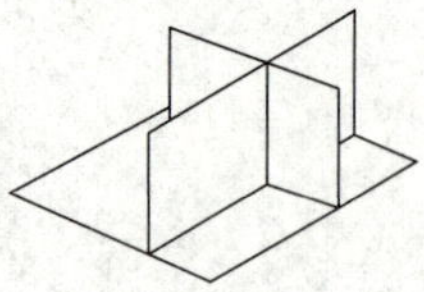	三张平面相交于一点	$r(\boldsymbol{A})=r(\overline{\boldsymbol{A}})=3$
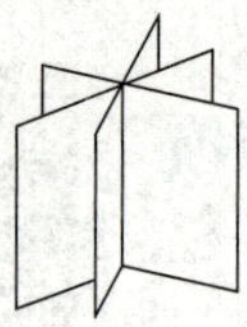	三张平面相交于一条直线	$r(\boldsymbol{A})=r(\overline{\boldsymbol{A}})=2$，且 $\boldsymbol{\beta}_1$，$\boldsymbol{\beta}_2$，$\boldsymbol{\beta}_3$ 中任意两个向量都线性无关
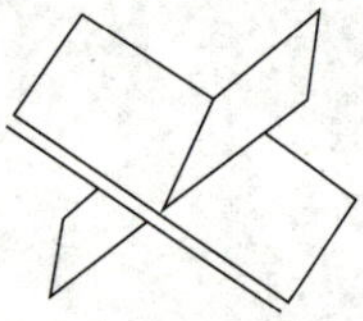	两张平面重合，第三张平面与之相交	$r(\boldsymbol{A})=r(\overline{\boldsymbol{A}})=2$，且 $\boldsymbol{\beta}_1$，$\boldsymbol{\beta}_2$，$\boldsymbol{\beta}_3$ 中有两个向量线性相关
	三张平面重合	$r(\boldsymbol{A})=r(\overline{\boldsymbol{A}})=1$

任何两个面都不重合

存在两个面重合

D_1（常规操作）

表（b）　方程组无解的情形

图形	几何意义	代数表达
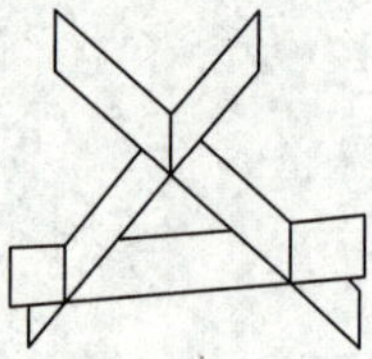	三张平面两两相交，且交线相互平行	$r(\boldsymbol{A})=2$，$r(\overline{\boldsymbol{A}})=3$，且 $\boldsymbol{\alpha}_1$，$\boldsymbol{\alpha}_2$，$\boldsymbol{\alpha}_3$ 中任意两个向量都线性无关
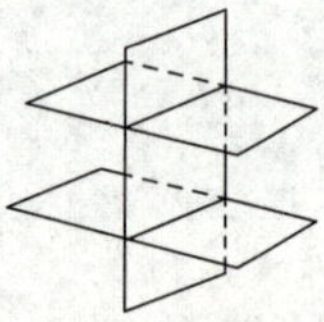	两张平面平行，第三张平面与它们相交	$r(\boldsymbol{A})=2$，$r(\overline{\boldsymbol{A}})=3$，且 $\boldsymbol{\alpha}_1$，$\boldsymbol{\alpha}_2$，$\boldsymbol{\alpha}_3$ 中有两个向量线性相关

任何两个面都相交

存在两个面平行但不重合

续表

图形	几何意义	代数表达
	三张平面相互平行但不重合	$r(\boldsymbol{A})=1$，$r(\overline{\boldsymbol{A}})=2$， 且$\boldsymbol{\beta}_1$，$\boldsymbol{\beta}_2$，$\boldsymbol{\beta}_3$中任意两个向量都线性无关
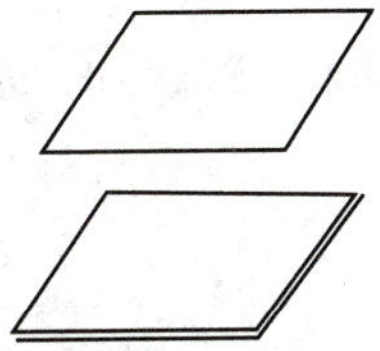	两张平面重合， 第三张平面与它们平行 但不重合	$r(\boldsymbol{A})=1$，$r(\overline{\boldsymbol{A}})=2$， 且$\boldsymbol{\beta}_1$，$\boldsymbol{\beta}_2$，$\boldsymbol{\beta}_3$中有两个向量线性相关

（手写批注：任何两个面都不重合）

（手写批注：存在两个面重合）

例 5.9 在空间直角坐标系$O-xyz$中，三张平面$\Pi_1:ax+y-z=1$，$\Pi_2:x+y+bz=a$，$\Pi_3:x+ay-z=1$的位置关系如图所示，则（　　）.

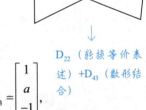

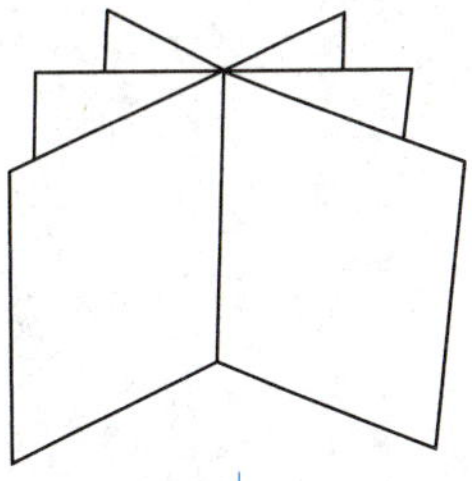

（手写批注：D_{22}（转换等价表述）$+D_{43}$（数形结合））

（A）$a=1,b\neq-1$

（B）$a=1,b=-1$

（C）$a\neq-2,b=2$

（D）$a=-2,b=2$

【解】应选（D）.

（手写批注：D_{43}（数形结合））

由于三张平面相交于一条直线，记

$$\boldsymbol{\alpha}_1=\begin{bmatrix}a\\1\\-1\end{bmatrix},\boldsymbol{\alpha}_2=\begin{bmatrix}1\\1\\b\end{bmatrix},\boldsymbol{\alpha}_3=\begin{bmatrix}1\\a\\-1\end{bmatrix},\boldsymbol{\beta}_1=\begin{bmatrix}a\\1\\-1\\1\end{bmatrix},\boldsymbol{\beta}_2=\begin{bmatrix}1\\1\\b\\a\end{bmatrix},\boldsymbol{\beta}_3=\begin{bmatrix}1\\a\\-1\\1\end{bmatrix},$$

则$r(\boldsymbol{\alpha}_1,\boldsymbol{\alpha}_2,\boldsymbol{\alpha}_3)=r(\boldsymbol{\beta}_1,\boldsymbol{\beta}_2,\boldsymbol{\beta}_3)=2$，且$\boldsymbol{\beta}_1,\boldsymbol{\beta}_2,\boldsymbol{\beta}_3$任意两个向量均线性无关.

$$[\boldsymbol{\beta}_1,\boldsymbol{\beta}_2,\boldsymbol{\beta}_3]=\begin{bmatrix}a&1&1\\1&1&a\\-1&b&-1\\1&a&1\end{bmatrix}\to\begin{bmatrix}1&1&a\\0&1-a&1-a^2\\0&b+1&a-1\\0&a-1&1-a\end{bmatrix}\to\begin{bmatrix}1&1&a\\0&1-a&1-a^2\\0&b+1&a-1\\0&0&2-a^2-a\end{bmatrix}.$$

①当$a=1$时，$\boldsymbol{\beta}_1$与$\boldsymbol{\beta}_3$线性相关，不满足题意；

②当$a\neq1$时，

$$[\boldsymbol{\beta}_1,\boldsymbol{\beta}_2,\boldsymbol{\beta}_3]\to\begin{bmatrix}1&1&a\\0&1&1+a\\0&b+1&a-1\\0&0&a+2\end{bmatrix}\to\begin{bmatrix}1&1&a\\0&1&1+a\\0&0&-b(a+1)-2\\0&0&a+2\end{bmatrix},$$

要满足题意，则$a+2=0$且$-b(a+1)-2=0$，故$\begin{cases}a=-2,\\b=2.\end{cases}$

例 5.10 设$\boldsymbol{\alpha}_1,\boldsymbol{\alpha}_2,\boldsymbol{\alpha}_3,\boldsymbol{\alpha}_4$是$n$维列向量，$\boldsymbol{\alpha}_1,\boldsymbol{\alpha}_2$线性无关，$\boldsymbol{\alpha}_1,\boldsymbol{\alpha}_2,\boldsymbol{\alpha}_3$线性相关，且$\boldsymbol{\alpha}_1+\boldsymbol{\alpha}_2+\boldsymbol{\alpha}_4=\boldsymbol{0}$. 在空间直角坐标系$O-xyz$中，关于$x,y,z$的方程组$x\boldsymbol{\alpha}_1+y\boldsymbol{\alpha}_2+z\boldsymbol{\alpha}_3=\boldsymbol{\alpha}_4$的几何图形是（　　）.

（A）过原点的一个平面　　（B）过原点的一条直线

（C）不过原点的一个平面　　（D）不过原点的一条直线

D_{22}（转换等价表述）
$+D_{43}$（数形结合）

【解】 应选（D）.

记$\boldsymbol{A}=[\boldsymbol{\alpha}_1,\boldsymbol{\alpha}_2,\boldsymbol{\alpha}_3]$，由$\boldsymbol{\alpha}_1,\boldsymbol{\alpha}_2$线性无关，$\boldsymbol{\alpha}_1,\boldsymbol{\alpha}_2,\boldsymbol{\alpha}_3$线性相关，可得$r(\boldsymbol{A})=2$. 记$\overline{\boldsymbol{A}}=[\boldsymbol{A},\boldsymbol{\alpha}_4]=[\boldsymbol{\alpha}_1,\boldsymbol{\alpha}_2,\boldsymbol{\alpha}_3,\boldsymbol{\alpha}_4]$，再由$\boldsymbol{\alpha}_1+\boldsymbol{\alpha}_2+\boldsymbol{\alpha}_4=\boldsymbol{0}$，得$r(\overline{\boldsymbol{A}})=2$. 于是$\boldsymbol{Ax}=\boldsymbol{\alpha}_4$有无穷多解，若过原点，则$\boldsymbol{\alpha}_4=\boldsymbol{0}$，进而可知$\boldsymbol{\alpha}_1+\boldsymbol{\alpha}_2=\boldsymbol{0}$，与$\boldsymbol{\alpha}_1,\boldsymbol{\alpha}_2$线性无关矛盾，故不过原点.

由上述分析可知$r(\boldsymbol{A})=r(\overline{\boldsymbol{A}})=2$，则$x\boldsymbol{\alpha}_1+y\boldsymbol{\alpha}_2+z\boldsymbol{\alpha}_3=\boldsymbol{\alpha}_4$不妨设为

$$\begin{cases}a_{11}x+a_{12}y+a_{13}z=a_{14},\\a_{21}x+a_{22}y+a_{23}z=a_{24},\end{cases}$$

两平面交于一条直线，且不过原点. 故选（D）.

第6讲 向量组

三向解题法

向量组
（O（盯住目标））

- **1. 研究具体型向量关系**（O_1（盯住目标 1））
- **2. 研究抽象型向量关系**（O_2（盯住目标 2））
- **3. 研究向量组等价**（O_3（盯住目标 3））
- **4. 向量空间（仅数学一）**（O_4（盯住目标 4））

1. 研究具体型向量关系
（O_1（盯住目标 1））

- $\boldsymbol{\beta}$ 与 $\boldsymbol{\alpha}_1, \boldsymbol{\alpha}_2, \cdots, \boldsymbol{\alpha}_n$（$D_1$（常规操作））
- $\boldsymbol{\alpha}_1, \boldsymbol{\alpha}_2, \cdots, \boldsymbol{\alpha}_n$（$D_1$（常规操作）+ D_{21}（观察研究对象））
- 求极大线性无关组（D_1（常规操作））

2. 研究抽象型向量关系
（O_2（盯住目标 2））

- 定义法（D_1（常规操作））
  - 写定义式 $k_1\boldsymbol{\alpha}_1 + k_2\boldsymbol{\alpha}_2 + \cdots + k_n\boldsymbol{\alpha}_n = \mathbf{0}$
  - 考查 $k_1 = k_2 = \cdots = k_n = 0$ 是否成立
- 综合问题（D_1（常规操作）+ D_{23}（化归经典形式））
  - 与方程组、特征值知识相结合

3. 研究向量组等价
（O_3（盯住目标 3））

向量组（Ⅰ）：$\boldsymbol{\alpha}_1, \boldsymbol{\alpha}_2, \cdots, \boldsymbol{\alpha}_s$ 与向量组（Ⅱ）：$\boldsymbol{\beta}_1, \boldsymbol{\beta}_2, \cdots, \boldsymbol{\beta}_t$ 等价

$\Leftrightarrow r(\text{Ⅰ}) = r(\text{Ⅱ})$，且可单方向表示

$\Leftrightarrow r(\text{Ⅰ}) = r(\text{Ⅱ}) = r(\text{Ⅰ}, \text{Ⅱ})$

4. 向量空间（仅数学一）
（O_4（盯住目标 4））

- 概念（D_1（常规操作）+D_{22}（转换等价表述））
  - 基
  - 维数
  - 坐标
- 过渡矩阵（D_1（常规操作）+D_{42}（引入符号））
  - $[\eta_1, \eta_2, \cdots, \eta_n] = [\xi_1, \xi_2, \cdots, \xi_n]C$
- 坐标变换（D_1（常规操作）+D_{42}（引入符号））
  - $\alpha = [\xi_1, \xi_2, \cdots, \xi_n]x = [\eta_1, \eta_2, \cdots, \eta_n]y = [\xi_1, \xi_2, \cdots, \xi_n]Cy$

一、研究具体型向量关系（O_1（盯住目标 1））

1. β与$\alpha_1, \alpha_2, \cdots, \alpha_n$（$D_1$（常规操作））→熟练掌握步骤

（1）建立方程组.

$$[\alpha_1, \alpha_2, \cdots, \alpha_n]\begin{bmatrix} x_1 \\ x_2 \\ \vdots \\ x_n \end{bmatrix} = \beta.$$

（2）化阶梯形.

$$[A, \beta] = [\alpha_1, \alpha_2, \cdots, \alpha_n, \beta] \xrightarrow{\text{初等行变换}} [\,\text{阶梯形} \,\vdots\, \square\,].$$

（3）讨论.

① $r(A) \neq r([A, \beta]) \Leftrightarrow$ 无解 $\Leftrightarrow$ 不能表示.

② $r(A) = r([A, \beta]) = n \Leftrightarrow$ 唯一解 $\Leftrightarrow$ 唯一一种表示法.

③ $r(A) = r([A, \beta]) < n \Leftrightarrow$ 无穷多解 $\Leftrightarrow$ 无穷多种表示法.

【注】含未知参数的向量组是常考题型.

例 6.1 已知向量$\alpha_1 = \begin{bmatrix} 1 \\ 2 \\ 3 \end{bmatrix}, \alpha_2 = \begin{bmatrix} 2 \\ 1 \\ 1 \end{bmatrix}, \beta_1 = \begin{bmatrix} 2 \\ 5 \\ 9 \end{bmatrix}, \beta_2 = \begin{bmatrix} 1 \\ 0 \\ 1 \end{bmatrix}$.若$\gamma$既可由$\alpha_1, \alpha_2$线性表示，也可由$\beta_1, \beta_2$线性表示，则$\gamma =$（　　）.

（A）$k\begin{bmatrix} 3 \\ 3 \\ 4 \end{bmatrix}, k \in \mathbf{R}$　（B）$k\begin{bmatrix} 3 \\ 5 \\ 10 \end{bmatrix}, k \in \mathbf{R}$　（C）$k\begin{bmatrix} -1 \\ 1 \\ 2 \end{bmatrix}, k \in \mathbf{R}$　（D）$k\begin{bmatrix} 1 \\ 5 \\ 8 \end{bmatrix}, k \in \mathbf{R}$

【解】应选（D）.

$\to D_{22}$（转换等价表述）

由题意，设$\gamma=k_1\alpha_1+k_2\alpha_2=l_1\beta_1+l_2\beta_2$，即$k_1\alpha_1+k_2\alpha_2-l_1\beta_1-l_2\beta_2=\mathbf{0}$，记$\begin{cases}x_1=k_1,\\x_2=k_2,\\x_3=-l_1,\\x_4=-l_2,\end{cases}$则$x_1\alpha_1+x_2\alpha_2+x_3\beta_1+x_4\beta_2=\mathbf{0}$，解得$\begin{cases}x_1=3k,\\x_2=-k,\end{cases}k\in\mathbf{R}$，故$\gamma=3k\begin{bmatrix}1\\2\\3\end{bmatrix}-k\begin{bmatrix}2\\1\\1\end{bmatrix}=k\begin{bmatrix}1\\5\\8\end{bmatrix},k\in\mathbf{R}$. 故选（D）.

2. $\alpha_1,\alpha_2,\cdots,\alpha_n$（$D_1$（常规操作）+ D_{21}（观察研究对象））

（1）若向量个数大于维数，则必线性相关.

（2）若向量个数等于维数，则可用行列式讨论.

①$|\alpha_1,\ \alpha_2,\ \cdots,\ \alpha_n|=0\Leftrightarrow$线性相关；

②$|\alpha_1,\ \alpha_2,\ \cdots,\ \alpha_n|\neq 0\Leftrightarrow$线性无关.

（3）若向量个数小于维数，则化阶梯形$A=[\alpha_1,\ \alpha_2,\ \cdots,\ \alpha_n]\xrightarrow{\text{初等行变换}}[\text{阶梯形}]$.

①$r(A)<n\Leftrightarrow$线性相关.

②$r(A)=n\Leftrightarrow$线性无关.

③若线性相关，问α_s与$\alpha_1,\ \cdots,\ \alpha_{s-1},\ \alpha_{s+1},\ \cdots,\ \alpha_n$的表示关系，回到“1.”即可.

（隐含条件体系块）

【注】含未知参数的向量组是常考题型.

例 6.2 设向量$\alpha_1=\begin{bmatrix}a\\1\\-1\\1\end{bmatrix},\alpha_2=\begin{bmatrix}1\\1\\b\\a\end{bmatrix},\alpha_3=\begin{bmatrix}1\\a\\-1\\1\end{bmatrix}$.若$\alpha_1,\alpha_2,\alpha_3$线性相关，且其中任意两个向量均线性无关，则（　　）.

（A）$a=1,\ b\neq-1$　　（B）$a=1,\ b=-1$

（C）$a\neq-2,\ b=2$　　（D）$a=-2,\ b=2$

【解】应选（D）.

$$[\alpha_1,\alpha_2,\alpha_3]=\begin{bmatrix}a&1&1\\1&1&a\\-1&b&-1\\1&a&1\end{bmatrix}\to\begin{bmatrix}1&1&a\\0&1-a&1-a^2\\0&b+1&a-1\\0&a-1&1-a\end{bmatrix}\to\begin{bmatrix}1&1&a\\0&1-a&1-a^2\\0&b+1&a-1\\0&0&2-a^2-a\end{bmatrix}.$$

因为$\alpha_1,\alpha_2,\alpha_3$线性相关，且其中任意两个向量均线性无关，则$r(\alpha_1,\alpha_2,\alpha_3)\leqslant 2$，又$r(\alpha_i,\alpha_j)=2(i\neq j)$.于是$r(\alpha_1,\alpha_2,\alpha_3)=2$.

①当$a=1$时，α_1与α_3线性相关，不满足题意；

②当$a\neq1$时，

$$[\boldsymbol{\alpha}_1,\boldsymbol{\alpha}_2,\boldsymbol{\alpha}_3]\to\begin{bmatrix}1&1&a\\0&1&1+a\\0&b+1&a-1\\0&0&a+2\end{bmatrix}\to\begin{bmatrix}1&1&a\\0&1&1+a\\0&0&-b(a+1)-2\\0&0&a+2\end{bmatrix},$$

要满足题意，则$a+2=0$且$-b(a+1)-2=0$，故$\begin{cases}a=-2,\\b=2.\end{cases}$

3. 求极大线性无关组（D_1（常规操作））

给出列向量组 $\boldsymbol{\alpha}_1$，$\boldsymbol{\alpha}_2$，…，$\boldsymbol{\alpha}_n$，可按以下步骤求其极大线性无关组 .

① 构造$\boldsymbol{A}=[\boldsymbol{\alpha}_1,\boldsymbol{\alpha}_2,\cdots,\boldsymbol{\alpha}_n]$；

② $\boldsymbol{A}\xrightarrow{\text{初等行变换}}\boldsymbol{B}$（行阶梯形）；

③ 算出台阶数 r，按列找出一个秩为 r 的子矩阵即可 .

例 6.3 设矩阵$\boldsymbol{A}=\begin{bmatrix}1&-1&3&0&-1\\-1&0&-2&-a&-1\\1&1&a&2&3\end{bmatrix}$的秩为 2.

（1）求a的值；

（2）求$\boldsymbol{A}$的列向量组的一个极大线性无关组$\boldsymbol{\alpha},\boldsymbol{\beta}$，并求矩阵$\boldsymbol{H}$，使得$\boldsymbol{A}=\boldsymbol{GH}$，其中$\boldsymbol{G}=[\boldsymbol{\alpha},\boldsymbol{\beta}]$.（$D_{22}$（转换等价表述））

【解】（1）对 $\boldsymbol{A}$ 施以初等行变换，得

$$\boldsymbol{A}=\begin{bmatrix}1&-1&3&0&-1\\-1&0&-2&-a&-1\\1&1&a&2&3\end{bmatrix}\to\begin{bmatrix}1&-1&3&0&-1\\0&-1&1&-a&-2\\0&0&a-1&2(1-a)&0\end{bmatrix}.$$

由$r(\boldsymbol{A})=2$，得$a=1$.

（2）记$\boldsymbol{A}=[\boldsymbol{\alpha}_1,\boldsymbol{\alpha}_2,\boldsymbol{\alpha}_3,\boldsymbol{\alpha}_4,\boldsymbol{\alpha}_5]$，由（1），对$\boldsymbol{A}$施以初等行变换，得

$$\boldsymbol{A}\to\begin{bmatrix}1&0&2&1&1\\0&1&-1&1&2\\0&0&0&0&0\end{bmatrix}.$$

取$\boldsymbol{\alpha}=\boldsymbol{\alpha}_1$，$\boldsymbol{\beta}=\boldsymbol{\alpha}_2$，则$\boldsymbol{\alpha},\boldsymbol{\beta}$为$\boldsymbol{A}$的列向量组的一个极大线性无关组 .

因为$\boldsymbol{\alpha}_3=2\boldsymbol{\alpha}_1-\boldsymbol{\alpha}_2$，$\boldsymbol{\alpha}_4=\boldsymbol{\alpha}_1+\boldsymbol{\alpha}_2$，$\boldsymbol{\alpha}_5=\boldsymbol{\alpha}_1+2\boldsymbol{\alpha}_2$，所以

$$\begin{aligned}\boldsymbol{A}&=[\boldsymbol{\alpha}_1,\boldsymbol{\alpha}_2,2\boldsymbol{\alpha}_1-\boldsymbol{\alpha}_2,\boldsymbol{\alpha}_1+\boldsymbol{\alpha}_2,\boldsymbol{\alpha}_1+2\boldsymbol{\alpha}_2]\\&=[\boldsymbol{\alpha},\boldsymbol{\beta}]\begin{bmatrix}1&0&2&1&1\\0&1&-1&1&2\end{bmatrix}.\end{aligned}$$

取$\boldsymbol{H}=\begin{bmatrix}1&0&2&1&1\\0&1&-1&1&2\end{bmatrix}$，则$\boldsymbol{A}=\boldsymbol{GH}$.

二、研究抽象型向量关系（O_2（盯住目标 2））

1. 定义法（D_1（常规操作））

已知某些向量关系，研究另一些向量关系．

（1）写定义式 $k_1\boldsymbol{\alpha}_1+k_2\boldsymbol{\alpha}_2+\cdots+k_n\boldsymbol{\alpha}_n=\mathbf{0}$. （*）

（2）考查 $k_1=k_2=\cdots=k_n=0$ 是否成立．

【注】常用方法：

①在"（1）"的（*）式两边同乘某些量，重新组合等．

②转化为证某齐次线性方程组只有零解．

③常与特征值、基础解系、矩阵正定等综合．

④以下定理亦常用．

定理 1 如果向量组 $\boldsymbol{\beta}_1,\boldsymbol{\beta}_2,\cdots,\boldsymbol{\beta}_t$ 可由向量组 $\boldsymbol{\alpha}_1,\boldsymbol{\alpha}_2,\cdots,\boldsymbol{\alpha}_s$ 线性表示，且 $t>s$，则 $\boldsymbol{\beta}_1,\boldsymbol{\beta}_2,\cdots,\boldsymbol{\beta}_t$ 线性相关．(此定理可简单表述为以少表多，多的相关．)

其等价命题：如果向量组 $\boldsymbol{\beta}_1,\boldsymbol{\beta}_2,\cdots,\boldsymbol{\beta}_t$ 可由向量组 $\boldsymbol{\alpha}_1,\boldsymbol{\alpha}_2,\cdots,\boldsymbol{\alpha}_s$ 线性表示，且 $\boldsymbol{\beta}_1,\boldsymbol{\beta}_2,\cdots,\boldsymbol{\beta}_t$ 线性无关，则 $t\leqslant s$.

定理 2 设向量组 $\boldsymbol{\beta}_1,\boldsymbol{\beta}_2,\cdots,\boldsymbol{\beta}_t$ 能由向量组 $\boldsymbol{\alpha}_1,\boldsymbol{\alpha}_2,\cdots,\boldsymbol{\alpha}_s$ 线性表示，则 $r(\boldsymbol{\beta}_1,\boldsymbol{\beta}_2,\cdots,\boldsymbol{\beta}_t)\leqslant r(\boldsymbol{\alpha}_1,\boldsymbol{\alpha}_2,\cdots,\boldsymbol{\alpha}_s)$．(此定理可简单表述为两向量组中被表示的向量组的秩不大．)

定理 3 如果向量组 $\boldsymbol{\alpha}_1,\boldsymbol{\alpha}_2,\cdots,\boldsymbol{\alpha}_m$ 中有一部分向量组线性相关，则整个向量组也线性相关．

其等价命题：如果 $\boldsymbol{\alpha}_1,\boldsymbol{\alpha}_2,\cdots,\boldsymbol{\alpha}_m$ 线性无关，则其任一部分向量组线性无关．

定理 4 如果 n 维向量组 $\boldsymbol{\alpha}_1,\boldsymbol{\alpha}_2,\cdots,\boldsymbol{\alpha}_s$ 线性无关，那么把这些向量对应相同位置各任意添加 m 个分量所得到的 $(n+m)$ 维新向量组 $\boldsymbol{\alpha}_1^*,\boldsymbol{\alpha}_2^*,\cdots,\boldsymbol{\alpha}_s^*$ 也线性无关；如果 $\boldsymbol{\alpha}_1,\boldsymbol{\alpha}_2,\cdots,\boldsymbol{\alpha}_s$ 线性相关，那么它们各去掉相同位置的若干个分量所得到的新向量组也线性相关．

定理3和定理4可简单记为
部分相关，整体相关；
整体无关，部分无关；
原来无关，延长无关；
原来相关，缩短相关

例 6.4 设 $\boldsymbol{A}$ 为n阶方阵，证明：

（1）若$\boldsymbol{A}^{k-1}\boldsymbol{\alpha}\neq\mathbf{0}$，$\boldsymbol{A}^k\boldsymbol{\alpha}=\mathbf{0}$，则$\boldsymbol{\alpha},\boldsymbol{A}\boldsymbol{\alpha},\cdots,\boldsymbol{A}^{k-1}\boldsymbol{\alpha}$（$k$ 为正整数）线性无关；

（2）$r(\boldsymbol{A}^{n+1})=r(\boldsymbol{A}^n)$.

【证】（1）设存在一组数$l_0,l_1,\cdots,l_{k-1}$，使得

$$l_0\boldsymbol{\alpha}+l_1\boldsymbol{A}\boldsymbol{\alpha}+\cdots+l_{k-1}\boldsymbol{A}^{k-1}\boldsymbol{\alpha}=\mathbf{0},$$

在上式两端左边乘$\boldsymbol{A}^{k-1}$，得$l_0\boldsymbol{A}^{k-1}\boldsymbol{\alpha}+l_1\boldsymbol{A}^k\boldsymbol{\alpha}+\cdots+l_{k-1}\boldsymbol{A}^{2(k-1)}\boldsymbol{\alpha}=\mathbf{0}$．由$\boldsymbol{A}^k\boldsymbol{\alpha}=\mathbf{0}$，得$l_0\boldsymbol{A}^{k-1}\boldsymbol{\alpha}=\mathbf{0}$．又$\boldsymbol{A}^{k-1}\boldsymbol{\alpha}\neq\mathbf{0}$，于是$l_0=0$．同理，得$l_1=\cdots=l_{k-1}=0$．故$\boldsymbol{\alpha},\boldsymbol{A}\boldsymbol{\alpha},\cdots,\boldsymbol{A}^{k-1}\boldsymbol{\alpha}$ 线性无关．

（2）设$\boldsymbol{\eta}$为$\boldsymbol{A}^n\boldsymbol{x}=\mathbf{0}$的任一解，则$\boldsymbol{A}^n\boldsymbol{\eta}=\mathbf{0}$，于是$\boldsymbol{A}^{n+1}\boldsymbol{\eta}=\mathbf{0}$，即$\boldsymbol{A}^n\boldsymbol{x}=\mathbf{0}$的解均是$\boldsymbol{A}^{n+1}\boldsymbol{x}=\mathbf{0}$的解．设$\boldsymbol{\gamma}$为

$A^{n+1}x=0$的任一解，即$A^{n+1}\gamma=0$. 若$A^n\gamma\neq 0$，则由（1）知，γ，$A\gamma$，…，$A^n\gamma$ 线性无关. 又由于$n+1$个n维向量必线性相关，矛盾，故$A^n\gamma=0$，即$A^{n+1}x=0$的解均是$A^n x=0$的解. 两方程组同解，故$r(A^{n+1})=r(A^n)$.

2. 综合问题（D_1（常规操作）+D_{23}（化归经典形式））

这里的综合，一般指与方程组、特征值知识相结合.

例 6.5 设矩阵$A=[\alpha_1,\alpha_2,\alpha_3,\alpha_4]$，若$\alpha_1,\alpha_2,\alpha_3$线性无关，且$\alpha_1+\alpha_2=\alpha_3+\alpha_4$，则方程组$Ax=\alpha_1+4\alpha_4$的通解为$x=$________.

→总的方向是确定的，D_{23}（化归经典形式），①找$Ax=0$的通解. ②找$Ax=\beta$的特解

【解】应填$k\begin{bmatrix}1\\1\\-1\\-1\end{bmatrix}+\begin{bmatrix}1\\0\\0\\4\end{bmatrix}$，$k$为任意常数.

由于$\alpha_1+\alpha_2=\alpha_3+\alpha_4$，故$\alpha_1,\alpha_2,\alpha_3,\alpha_4$线性相关，又$\alpha_1,\alpha_2,\alpha_3$线性无关，则$r(A)=3$.

又$\alpha_1+\alpha_2=\alpha_3+\alpha_4$，即$\alpha_1+\alpha_2-\alpha_3-\alpha_4=0$，则$[\alpha_1,\alpha_2,\alpha_3,\alpha_4]\begin{bmatrix}1\\1\\-1\\-1\end{bmatrix}=0$. 由$s=n-r(A)=4-3=1$得，$\begin{bmatrix}1\\1\\-1\\-1\end{bmatrix}$是$Ax=0$的一个基础解系.

由$[\alpha_1,\alpha_2,\alpha_3,\alpha_4]\begin{bmatrix}1\\0\\0\\4\end{bmatrix}=\alpha_1+4\alpha_4$可得，$\begin{bmatrix}1\\0\\0\\4\end{bmatrix}$是$Ax=\alpha_1+4\alpha_4$的一个特解.

故$Ax=\alpha_1+4\alpha_4$的通解为$k\begin{bmatrix}1\\1\\-1\\-1\end{bmatrix}+\begin{bmatrix}1\\0\\0\\4\end{bmatrix}$，其中$k$为任意常数.

三、研究向量组等价（O_3（盯住目标3））

等价表述体系块

给出向量组（Ⅰ）：α_1，α_2，…，α_s；向量组（Ⅱ）：β_1，β_2，…，β_t，其中α_i（i=1，2，…，s）与β_j（j=1，2，…，t）维数相同，若α_i均可由β_1，β_2，…，β_t线性表示，且β_j均可由α_1，α_2，…，α_s线性表示，则称向量组（Ⅰ）与向量组（Ⅱ）等价.

其等价命题：

（1）$r(\alpha_1,\alpha_2,\cdots,\alpha_s)=r(\beta_1,\beta_2,\cdots,\beta_t)$，且可单方向表示.

【注】所谓可单方向表示，是指α_1，α_2，…，α_s与β_1，β_2，…，β_t这两个向量组中的某一个向量组可由另一个向量组线性表示.

（2）$r(\alpha_1,\alpha_2,\cdots,\alpha_s)=r(\beta_1,\beta_2,\cdots,\beta_t)=r(\alpha_1,\alpha_2,\cdots,\alpha_s,\beta_1,\beta_2,\cdots,\beta_t)$.（三秩相等）

例 6.6 求常数 a 的值，使 $\boldsymbol{\alpha}_1=[1,1,a]^T$，$\boldsymbol{\alpha}_2=[1,a,1]^T$，$\boldsymbol{\alpha}_3=[a,1,1]^T$ 能由 $\boldsymbol{\beta}_1=[1,1,a]^T$，$\boldsymbol{\beta}_2=[-2,a,4]^T$，$\boldsymbol{\beta}_3=[-2,a,a]^T$ 线性表示，但 $\boldsymbol{\beta}_1,\boldsymbol{\beta}_2,\boldsymbol{\beta}_3$ 不能由 $\boldsymbol{\alpha}_1,\boldsymbol{\alpha}_2,\boldsymbol{\alpha}_3$ 线性表示 .

【解】$\boldsymbol{\alpha}_1,\boldsymbol{\alpha}_2,\boldsymbol{\alpha}_3$ 能由 $\boldsymbol{\beta}_1,\boldsymbol{\beta}_2,\boldsymbol{\beta}_3$ 线性表示，则 $r(\boldsymbol{\alpha}_1,\boldsymbol{\alpha}_2,\boldsymbol{\alpha}_3)\leqslant r(\boldsymbol{\beta}_1,\boldsymbol{\beta}_2,\boldsymbol{\beta}_3)$. 又 $\boldsymbol{\beta}_1,\boldsymbol{\beta}_2,\boldsymbol{\beta}_3$ 不能由 $\boldsymbol{\alpha}_1,\boldsymbol{\alpha}_2,\boldsymbol{\alpha}_3$ 线性表示，故 $r(\boldsymbol{\alpha}_1,\boldsymbol{\alpha}_2,\boldsymbol{\alpha}_3)<r(\boldsymbol{\beta}_1,\boldsymbol{\beta}_2,\boldsymbol{\beta}_3)$. 而 $r(\boldsymbol{\beta}_1,\boldsymbol{\beta}_2,\boldsymbol{\beta}_3)\leqslant 3$，于是 $r(\boldsymbol{\alpha}_1,\boldsymbol{\alpha}_2,\boldsymbol{\alpha}_3)<3$，从而 $|\boldsymbol{\alpha}_1,\boldsymbol{\alpha}_2,\boldsymbol{\alpha}_3|=0$，解得 $a=1$ 或 $a=-2$.

否则由本讲的“三、等价命题（1）”知，$\boldsymbol{\alpha}_1,\boldsymbol{\alpha}_2,\boldsymbol{\alpha}_3$ 与 $\boldsymbol{\beta}_1,\boldsymbol{\beta}_2,\boldsymbol{\beta}_3$ 等价

当 $a=1$ 时，$\boldsymbol{\alpha}_1=\boldsymbol{\alpha}_2=\boldsymbol{\alpha}_3=\boldsymbol{\beta}_1=[1,1,1]^T$，显然 $\boldsymbol{\alpha}_1,\boldsymbol{\alpha}_2,\boldsymbol{\alpha}_3$ 可由 $\boldsymbol{\beta}_1,\boldsymbol{\beta}_2,\boldsymbol{\beta}_3$ 线性表示，而此时 $\boldsymbol{\beta}_2=[-2,1,4]^T$ 不能由 $\boldsymbol{\alpha}_1,\boldsymbol{\alpha}_2,\boldsymbol{\alpha}_3$ 线性表示，即 $a=1$ 符合题意 .

当 $a=-2$ 时，有

$$[\boldsymbol{\beta}_1,\boldsymbol{\beta}_2,\boldsymbol{\beta}_3,\boldsymbol{\alpha}_1,\boldsymbol{\alpha}_2,\boldsymbol{\alpha}_3]=\left[\begin{array}{ccc:ccc}1&-2&-2&1&1&-2\\1&-2&-2&1&-2&1\\-2&4&-2&-2&1&1\end{array}\right]$$

（(−1)倍加至；2倍加至）

$$\to\left[\begin{array}{ccc:ccc}1&-2&-2&1&1&-2\\0&0&0&0&-3&3\\0&0&-6&0&3&-3\end{array}\right]\to\left[\begin{array}{ccc:ccc}1&-2&-2&1&1&-2\\0&0&-6&0&3&-3\\0&0&0&0&-3&3\end{array}\right],$$

（互换）

可知 $r(\boldsymbol{\beta}_1,\boldsymbol{\beta}_2,\boldsymbol{\beta}_3)=2$，而 $r(\boldsymbol{\beta}_1,\boldsymbol{\beta}_2,\boldsymbol{\beta}_3,\boldsymbol{\alpha}_2)=3$，故 $\boldsymbol{\alpha}_2$ 不能由向量组 $\boldsymbol{\beta}_1,\boldsymbol{\beta}_2,\boldsymbol{\beta}_3$ 线性表示，所以 $a=-2$ 不符合题意 .

综上所述，$a=1$.

四、向量空间（仅数学一）（O_4（盯住目标 4））

1. 概念（D_1（常规操作）$+D_{22}$（转换等价表述））

将这里的概念与方程组相应的概念做好等价转化

设 V 是向量空间，如果 V 中有 r 个向量 $\boldsymbol{\alpha}_1,\boldsymbol{\alpha}_2,\cdots,\boldsymbol{\alpha}_r$，满足

① $\boldsymbol{\alpha}_1,\boldsymbol{\alpha}_2,\cdots,\boldsymbol{\alpha}_r$ 线性无关；

② V 中任一向量都可由 $\boldsymbol{\alpha}_1,\boldsymbol{\alpha}_2,\cdots,\boldsymbol{\alpha}_r$ 线性表示 .

则称向量组 $\boldsymbol{\alpha}_1,\boldsymbol{\alpha}_2,\cdots,\boldsymbol{\alpha}_r$ 为向量空间 V 的一个基，称 r 为向量空间 V 的维数，并称 V 为 r 维**向量空间**.

若 $\boldsymbol{\alpha}_1,\boldsymbol{\alpha}_2,\cdots,\boldsymbol{\alpha}_r$ 是 r 维向量空间 V 的一个基，则 V 中任一向量 $\boldsymbol{\xi}$ 都可由这个基唯一地线性表示：

$$\boldsymbol{\xi}=x_1\boldsymbol{\alpha}_1+x_2\boldsymbol{\alpha}_2+\cdots+x_r\boldsymbol{\alpha}_r,$$

称有序数组 $x_1,x_2,\cdots,x_r$ 为向量 $\boldsymbol{\xi}$ 在基 $\boldsymbol{\alpha}_1,\boldsymbol{\alpha}_2,\cdots,\boldsymbol{\alpha}_r$ 下的坐标 . 从而 V 可表示为

$$V=\{\boldsymbol{\xi}=x_1\boldsymbol{\alpha}_1+x_2\boldsymbol{\alpha}_2+\cdots+x_r\boldsymbol{\alpha}_r\,|\,x_1,x_2,\cdots,x_r\in\mathbf{R}\}.$$

2. 过渡矩阵（D_1（常规操作）$+D_{42}$（引入符号））

设 V 的两个基 $\boldsymbol{\eta}_1,\boldsymbol{\eta}_2,\cdots,\boldsymbol{\eta}_n$；$\boldsymbol{\xi}_1,\boldsymbol{\xi}_2,\cdots,\boldsymbol{\xi}_n$，若

$$[\boldsymbol{\eta}_1,\boldsymbol{\eta}_2,\cdots,\boldsymbol{\eta}_n]=[\boldsymbol{\xi}_1,\boldsymbol{\xi}_2,\cdots,\boldsymbol{\xi}_n]\boldsymbol{C},$$

则称 $\boldsymbol{C}$ 为由基 $\boldsymbol{\xi}_1,\boldsymbol{\xi}_2,\cdots,\boldsymbol{\xi}_n$ 到基 $\boldsymbol{\eta}_1,\boldsymbol{\eta}_2,\cdots,\boldsymbol{\eta}_n$ 的**过渡矩阵**（注意 $\boldsymbol{C}$ 的位置）.

3. 坐标变换（D_1（常规操作）$+D_{42}$（引入符号））

$$\boldsymbol{\alpha}=[\boldsymbol{\xi}_1,\boldsymbol{\xi}_2,\cdots,\boldsymbol{\xi}_n]\boldsymbol{x}=[\boldsymbol{\eta}_1,\boldsymbol{\eta}_2,\cdots,\boldsymbol{\eta}_n]\boldsymbol{y}=[\boldsymbol{\xi}_1,\boldsymbol{\xi}_2,\cdots,\boldsymbol{\xi}_n]\boldsymbol{C}\boldsymbol{y},$$

其中 $\boldsymbol{x}=\boldsymbol{C}\boldsymbol{y}$ 称为**坐标变换公式**.

例 6.7 设$\mathbf{R}^3$中的基（Ⅰ）$\boldsymbol{\beta}_1=[1,0,0]^{\mathrm{T}}$，$\boldsymbol{\beta}_2=[1,1,0]^{\mathrm{T}}$，$\boldsymbol{\beta}_3=[1,1,1]^{\mathrm{T}}$到基（Ⅱ）$\boldsymbol{\alpha}_1=[1,a,0]^{\mathrm{T}}$，$\boldsymbol{\alpha}_2=[0,1,b]^{\mathrm{T}}$，$\boldsymbol{\alpha}_3=[1,0,1]^{\mathrm{T}}$的过渡矩阵为$\begin{bmatrix}0&-1&1\\1&0&-1\\0&1&1\end{bmatrix}$.

（1）求a,b的值；

（2）已知$\boldsymbol{\xi}$在基（Ⅰ）$\boldsymbol{\beta}_1,\boldsymbol{\beta}_2,\boldsymbol{\beta}_3$下的坐标为$[1,0,2]^{\mathrm{T}}$，求$\boldsymbol{\xi}$在基（Ⅱ）$\boldsymbol{\alpha}_1,\boldsymbol{\alpha}_2,\boldsymbol{\alpha}_3$下的坐标.

【解】（1）设$[\boldsymbol{\alpha}_1,\boldsymbol{\alpha}_2,\boldsymbol{\alpha}_3]=[\boldsymbol{\beta}_1,\boldsymbol{\beta}_2,\boldsymbol{\beta}_3]\boldsymbol{C}$，其中$\boldsymbol{C}$是过渡矩阵，则

$$\boldsymbol{C}=[\boldsymbol{\beta}_1,\boldsymbol{\beta}_2,\boldsymbol{\beta}_3]^{-1}[\boldsymbol{\alpha}_1,\boldsymbol{\alpha}_2,\boldsymbol{\alpha}_3]=\begin{bmatrix}1&1&1\\0&1&1\\0&0&1\end{bmatrix}^{-1}\begin{bmatrix}1&0&1\\a&1&0\\0&b&1\end{bmatrix}$$

$$=\begin{bmatrix}1&-1&0\\0&1&-1\\0&0&1\end{bmatrix}\begin{bmatrix}1&0&1\\a&1&0\\0&b&1\end{bmatrix}$$

$$=\begin{bmatrix}1-a&-1&1\\a&1-b&-1\\0&b&1\end{bmatrix}=\begin{bmatrix}0&-1&1\\1&0&-1\\0&1&1\end{bmatrix},$$

故$a=b=1$.

（2）设$\boldsymbol{\xi}=[\boldsymbol{\alpha}_1,\boldsymbol{\alpha}_2,\boldsymbol{\alpha}_3]\begin{bmatrix}x_1\\x_2\\x_3\end{bmatrix}=[\boldsymbol{\beta}_1,\boldsymbol{\beta}_2,\boldsymbol{\beta}_3]\begin{bmatrix}1\\0\\2\end{bmatrix}$,则

$$\begin{bmatrix}x_1\\x_2\\x_3\end{bmatrix}=[\boldsymbol{\alpha}_1,\boldsymbol{\alpha}_2,\boldsymbol{\alpha}_3]^{-1}[\boldsymbol{\beta}_1,\boldsymbol{\beta}_2,\boldsymbol{\beta}_3]\begin{bmatrix}1\\0\\2\end{bmatrix}=\begin{bmatrix}1&0&1\\1&1&0\\0&1&1\end{bmatrix}^{-1}\begin{bmatrix}1&1&1\\0&1&1\\0&0&1\end{bmatrix}\begin{bmatrix}1\\0\\2\end{bmatrix}$$

$$=\frac{1}{2}\begin{bmatrix}1&1&-1\\-1&1&1\\1&-1&1\end{bmatrix}\begin{bmatrix}1&1&1\\0&1&1\\0&0&1\end{bmatrix}\begin{bmatrix}1\\0\\2\end{bmatrix}=\frac{1}{2}\begin{bmatrix}3\\1\\3\end{bmatrix},$$

得$\boldsymbol{\xi}$在基（Ⅱ）$\boldsymbol{\alpha}_1,\boldsymbol{\alpha}_2,\boldsymbol{\alpha}_3$下的坐标为$\left[\frac{3}{2},\frac{1}{2},\frac{3}{2}\right]^{\mathrm{T}}$.

第7讲 特征值与特征向量

三向解题法

求解/利用 A 的特征值与特征向量

（O（盯住目标））

- 利用特征值命题（D_1（常规操作）+D_{22}（转换等价表述））
- 利用特征向量命题（D_1（常规操作）+D_{22}（转换等价表述））
- 利用矩阵方程命题（D_1（常规操作）+D_{22}（转换等价表述）+D_{23}（化归经典形式））

一、利用特征值命题

（D_1（常规操作）+D_{22}（转换等价表述））

（1）λ_0 是 A 的特征值 $\Leftrightarrow |\lambda_0 E-A|=0$（建立方程求参数或证明行列式 $|\lambda_0 E-A|=0$）；

λ_0 不是 A 的特征值 $\Leftrightarrow |\lambda_0 E-A|\neq 0$（矩阵可逆，满秩）.

【注】这里常见的命题方法：若 $|aA+bE|=0$（或 $aA+bE$ 不可逆），$a\neq 0$，则 $-\dfrac{b}{a}$ 是 A 的特征值.

D_{23}（化归经典形式）

$|bE-(-aA)|=(-a)^n\left|-\dfrac{b}{a}E-A\right|=0$，则 $\lambda_0=-\dfrac{b}{a}$

（2）若 $\lambda_1,\lambda_2,\cdots,\lambda_n$ 是 A 的 n 个特征值，则

$$\begin{cases}|A|=\lambda_1\lambda_2\cdots\lambda_n,\\ \operatorname{tr}(A)=\lambda_1+\lambda_2+\cdots+\lambda_n.\end{cases}$$

（3）重要结论.

①记住下表.

如 $f(A)=A^3+2A^2-A+5E$，则 $f(\lambda)=\lambda^3+2\lambda^2-\lambda+5$，多项式形式是重点，见到它们要立即想到 $f(A)\leftrightarrow f(\lambda)$

矩阵	A	kA	A^k	$f(A)$	A^{-1}	A^*	$P^{-1}AP\overset{\text{记}}{=\!=}B$	$P^{-1}f(A)P\overset{\text{记}}{=\!=}f(B)$
特征值	λ	$k\lambda$	λ^k	$f(\lambda)$	$\dfrac{1}{\lambda}$	$\dfrac{\|A\|}{\lambda}$	λ	$f(\lambda)$
对应的特征向量	ξ	ξ	ξ	ξ	ξ	ξ	$P^{-1}\xi$	$P^{-1}\xi$

表中 λ 在分母上的，设 $\lambda\neq 0$.

隐含条件体系块

【注】(1)若$\boldsymbol{\alpha}$是$\boldsymbol{A}$的属于特征值λ的特征向量，则$\boldsymbol{A}^n\boldsymbol{\alpha}=\lambda^n\boldsymbol{\alpha}$，见到求$\boldsymbol{A}^n\boldsymbol{\alpha}$，可想到此式；

(2)进一步地，当$\lambda\neq 0$时，$af(\boldsymbol{A})\pm b\boldsymbol{A}^{-1}\pm c\boldsymbol{A}^*$的特征值为$af(\lambda)\pm b\dfrac{1}{\lambda}\pm c\dfrac{|\boldsymbol{A}|}{\lambda}$，特征向量仍为$\boldsymbol{\xi}$. 但$f(\boldsymbol{A})$，$\boldsymbol{A}^{-1}$，$\boldsymbol{A}^*$与$\boldsymbol{A}^{\mathrm{T}}$，$\boldsymbol{B}$的线性组合因特征向量不同，无上述规律.

②虽然$\boldsymbol{A}^{\mathrm{T}}$的特征值与$\boldsymbol{A}$相同，但特征向量不再是$\boldsymbol{\xi}$，要单独计算才能得出.

① $|\lambda\boldsymbol{E}-\boldsymbol{A}|=|(\lambda\boldsymbol{E}-\boldsymbol{A})^{\mathrm{T}}|=|\lambda\boldsymbol{E}-\boldsymbol{A}^{\mathrm{T}}|$，故特征值相同；
② 但$(\lambda\boldsymbol{E}-\boldsymbol{A})\boldsymbol{x}=\boldsymbol{0}$与$(\lambda\boldsymbol{E}-\boldsymbol{A}^{\mathrm{T}})\boldsymbol{x}=\boldsymbol{0}$不是同解方程组，故特征向量不同

【注】$\boldsymbol{A}^{\mathrm{T}}$和$\boldsymbol{A}$属于不同特征值的特征向量正交.

证 设$\boldsymbol{A}$有特征值λ_1，对应的特征向量为$\boldsymbol{\alpha}$；$\boldsymbol{A}^{\mathrm{T}}$有特征值$\lambda_2$，对应的特征向量为$\boldsymbol{\beta}$，且$\lambda_1\neq\lambda_2$，则

$$\boldsymbol{A\alpha}=\lambda_1\boldsymbol{\alpha},\ \boldsymbol{A}^{\mathrm{T}}\boldsymbol{\beta}=\lambda_2\boldsymbol{\beta},$$

$$\lambda_1\lambda_2\boldsymbol{\alpha}^{\mathrm{T}}\boldsymbol{\beta}=\lambda_1\boldsymbol{\alpha}^{\mathrm{T}}\lambda_2\boldsymbol{\beta}=\lambda_1\boldsymbol{\alpha}^{\mathrm{T}}\boldsymbol{A}^{\mathrm{T}}\boldsymbol{\beta}=\lambda_1(\boldsymbol{A\alpha})^{\mathrm{T}}\boldsymbol{\beta}=\lambda_1(\lambda_1\boldsymbol{\alpha})^{\mathrm{T}}\boldsymbol{\beta}=\lambda_1^2\boldsymbol{\alpha}^{\mathrm{T}}\boldsymbol{\beta},$$

即$\lambda_1(\lambda_2-\lambda_1)\boldsymbol{\alpha}^{\mathrm{T}}\boldsymbol{\beta}=0$.

同理可得$\lambda_2(\lambda_1-\lambda_2)\boldsymbol{\beta}^{\mathrm{T}}\boldsymbol{\alpha}=0$，其中$\boldsymbol{\beta}^{\mathrm{T}}\boldsymbol{\alpha}=\boldsymbol{\alpha}^{\mathrm{T}}\boldsymbol{\beta}$. 两式相加得

$$(\lambda_1-\lambda_2)^2\boldsymbol{\alpha}^{\mathrm{T}}\boldsymbol{\beta}=0,$$

由于$\lambda_1\neq\lambda_2$，故$\boldsymbol{\alpha}^{\mathrm{T}}\boldsymbol{\beta}=0$，即$\boldsymbol{\alpha}$，$\boldsymbol{\beta}$正交.

隐含条件体系块

③归零准则.

a.归零准则一：设$f(x)$为多项式，若矩阵$\boldsymbol{A}$满足$f(\boldsymbol{A})=\boldsymbol{O}$，$\lambda$是$\boldsymbol{A}$的任一特征值，则$\lambda$满足$f(\lambda)=0$.

【注】解得的λ的值只代表范围，如$\boldsymbol{A}^2-\boldsymbol{E}=\boldsymbol{O}$，则$\lambda^2=1$，$\lambda=\pm1$，只能说$\boldsymbol{A}$的特征值的取值范围是$\{1,-1\}$，即$\boldsymbol{A}$的特征值可能全为1，可能为1和$-1$，也可能全为$-1$，如

$$\begin{bmatrix}1&0&0\\0&1&0\\0&0&1\end{bmatrix},\begin{bmatrix}1&0&0\\0&-1&0\\0&0&1\end{bmatrix},\begin{bmatrix}-1&0&0\\0&-1&0\\0&0&-1\end{bmatrix}$$

都满足$\boldsymbol{A}^2-\boldsymbol{E}=\boldsymbol{O}$. 故考生一定不要因为$\lambda^2=1$，就武断地说$\lambda_1=1$，$\lambda_2=-1$. 这是典型的错误.

b. 归零准则二：设n阶方阵$\boldsymbol{A}$的特征多项式为$f(\lambda)=|\lambda\boldsymbol{E}-\boldsymbol{A}|=\lambda^n+a_{n-1}\lambda^{n-1}+\cdots+a_1\lambda+a_0$，则$\boldsymbol{A}$的多项式$f(\boldsymbol{A})$为零矩阵，即$f(\boldsymbol{A})=\boldsymbol{A}^n+a_{n-1}\boldsymbol{A}^{n-1}+\cdots+a_1\boldsymbol{A}+a_0\boldsymbol{E}=\boldsymbol{O}$.

【注】如$\boldsymbol{A}=\begin{bmatrix}3&0&1\\0&4&0\\1&0&3\end{bmatrix}$，因$f(\lambda)=|\lambda\boldsymbol{E}-\boldsymbol{A}|=(\lambda-2)(\lambda-4)^2$，则有$f(\boldsymbol{A})=(\boldsymbol{A}-2\boldsymbol{E})(\boldsymbol{A}-4\boldsymbol{E})^2=\boldsymbol{O}$.

例 7.1 设 A 是 3 阶矩阵，$|A|=3$，且满足 $|A^2+2A|=0$，$|2A^2+A|=0$，则 $A_{11}+A_{22}+A_{33}=$________.

【解】应填 $-\dfrac{13}{2}$.

由题设知，$|A^2+2A|=|A(A+2E)|=|A||A+2E|=0$，因 $|A|=3\neq 0$，则 $|A+2E|=0$，故 A 有特征值 $\lambda_1=-2$.

又 $|2A^2+A|=|A(2A+E)|=8|A|\left|A+\dfrac{1}{2}E\right|=0$，即 $\left|A+\dfrac{1}{2}E\right|=0$，得 A 有特征值 $\lambda_2=-\dfrac{1}{2}$.

因 $|A|=3=\lambda_1\lambda_2\lambda_3$，故 $\lambda_3=3$.

由本讲的"一、(3)①"知，A^* 的特征值为 $\dfrac{|A|}{\lambda}$，故 A^* 有特征值 $\mu_1=-\dfrac{3}{2}$，$\mu_2=-6$，$\mu_3=1$，由本讲的"一、(2)"知，

$$A_{11}+A_{22}+A_{33}=\operatorname{tr}(A^*)=\mu_1+\mu_2+\mu_3=-\frac{3}{2}-6+1=-\frac{13}{2}.$$

例 7.2 设 $A=\begin{bmatrix}1&2\\5&4\end{bmatrix}$，$P=\begin{bmatrix}1&1\\0&1\end{bmatrix}$，$B=P^{-1}A^{100}P$，则 $B+E$ 的线性无关的特征向量可以为（　　）.

（见到相似，想到 $\xi\to P^{-1}\xi$；见到 $f(A)$，想到 $\lambda\to f(\lambda)$）

(A) $\begin{bmatrix}0\\1\end{bmatrix}$，$\begin{bmatrix}7\\5\end{bmatrix}$　　(B) $\begin{bmatrix}-2\\1\end{bmatrix}$，$\begin{bmatrix}-3\\5\end{bmatrix}$　　(C) $\begin{bmatrix}1\\-1\end{bmatrix}$，$\begin{bmatrix}2\\5\end{bmatrix}$　　(D) $\begin{bmatrix}0\\1\end{bmatrix}$，$\begin{bmatrix}3\\2\end{bmatrix}$

【解】应选(B).

设 A 的特征向量为 α，因 $B=P^{-1}f(A)P$，故由本讲的"一、(3)①"知，$P^{-1}\alpha$ 是 B 的特征向量，从而也是 $B+E$ 的特征向量.

由于 $|\lambda E-A|=\begin{vmatrix}\lambda-1&-2\\-5&\lambda-4\end{vmatrix}=(\lambda+1)(\lambda-6)=0$，故 A 的特征值为 $\lambda_1=-1$，$\lambda_2=6$，容易求得 A 的对应于特征值 $\lambda_1=-1$ 与 $\lambda_2=6$ 的线性无关的特征向量分别为 $\begin{bmatrix}-1\\1\end{bmatrix}$ 与 $\begin{bmatrix}2\\5\end{bmatrix}$. 由于 $P^{-1}=\begin{bmatrix}1&-1\\0&1\end{bmatrix}$，故

$$P^{-1}\begin{bmatrix}-1\\1\end{bmatrix}=\begin{bmatrix}1&-1\\0&1\end{bmatrix}\begin{bmatrix}-1\\1\end{bmatrix}=\begin{bmatrix}-2\\1\end{bmatrix},\quad P^{-1}\begin{bmatrix}2\\5\end{bmatrix}=\begin{bmatrix}1&-1\\0&1\end{bmatrix}\begin{bmatrix}2\\5\end{bmatrix}=\begin{bmatrix}-3\\5\end{bmatrix},$$

于是，$B+E$ 的线性无关的特征向量可以为 $\begin{bmatrix}-2\\1\end{bmatrix}$，$\begin{bmatrix}-3\\5\end{bmatrix}$.

二、利用特征向量命题

(D_1（常规操作）$+D_{22}$（转换等价表述）)

(1) $\xi(\neq 0)$ 是 A 的属于 λ_0 的特征向量 $\Leftrightarrow$ ξ 是 $(\lambda_0E-A)x=0$ 的非零解.

（D_{22}（转换等价表述））

(2) 重要结论.

隐含条件体系块

① 单根恰有 1 个线性无关的特征向量.

② k 重特征值 λ 至多只有 k 个线性无关的特征向量($k\geqslant 2$).

③ 若 ξ_1，ξ_2 是 A 的属于不同特征值 λ_1，λ_2 的特征向量，则 ξ_1，ξ_2 线性无关.

矩阵 A $\begin{cases}\lambda_1\neq\lambda_2\Rightarrow\xi_1,\ \xi_2\text{线性无关},\\ \lambda_1=\lambda_2\Rightarrow\xi_1,\ \xi_2\text{可能}\begin{cases}\text{线性相关},\\ \text{线性无关}\end{cases}\end{cases}$

④ 若 ξ_1，ξ_2 是 A 的属于同一特征值 λ 的特征向量，则当 $k_1k_2\neq 0$ 时，非零向量 $k_1\xi_1+k_2\xi_2$ 仍是 A 的属于特征值 λ 的特征向量（常考其中一个系数（如 k_2）等于 0 的情形）.

⑤ 若 ξ_1，ξ_2 是 A 的属于不同特征值 λ_1，λ_2 的特征向量，则当 $k_1\neq 0$，$k_2\neq 0$ 时，$k_1\xi_1+k_2\xi_2$ 不是 A 的任何特征值的特征向量（常考 $k_1=k_2=1$ 的情形）.

【注】**证** 反证法.假设 $k_1\xi_1+k_2\xi_2$ 是 A 的特征向量，则存在数 λ，有

$$A(k_1\xi_1+k_2\xi_2)=\lambda(k_1\xi_1+k_2\xi_2),$$

即

$$k_1A\xi_1+k_2A\xi_2=k_1\lambda\xi_1+k_2\lambda\xi_2,$$

也即

$$k_1\lambda_1\xi_1+k_2\lambda_2\xi_2=k_1\lambda\xi_1+k_2\lambda\xi_2,$$

移项，得

$$k_1(\lambda_1-\lambda)\xi_1+k_2(\lambda_2-\lambda)\xi_2=\mathbf{0}.$$

由于 ξ_1，ξ_2 线性无关，则

$$\begin{cases}k_1(\lambda_1-\lambda)=0,\\ k_2(\lambda_2-\lambda)=0.\end{cases}$$

又 $k_1\neq 0$，$k_2\neq 0$，则 $\lambda_1=\lambda_2=\lambda$，与 $\lambda_1\neq\lambda_2$ 矛盾，故 $k_1\xi_1+k_2\xi_2$ 不是 A 的任何特征值的特征向量.

⑥若 ξ 是 A 的属于特征值 λ_1 的特征向量，$\lambda_1\neq\lambda_2$，则 ξ 不是 λ_2 的特征向量.

【注】**证** 已知 $A\xi=\lambda_1\xi$，若 $A\xi=\lambda_2\xi$，则有 $(\lambda_1-\lambda_2)\xi=\mathbf{0}$，由 $\xi\neq\mathbf{0}$，得 $\lambda_1=\lambda_2$，矛盾.

⑦若 A 只有 1 个线性无关的特征向量，即 $\sum\limits_{i=1}^{m}[n-r(\lambda_iE-A)]=1$，$\lambda_i(i=1,2,\cdots,m)$是 A 的 m 个不同特征值，则只能有一个$\lambda_k(1\leqslant k\leqslant m)$，使$r(\lambda_kE-A)=n-1$，而其余$r(\lambda_iE-A)=n$，这与$r(\lambda_iE-A)<n$矛盾.故 A 只能有一个 λ_k，且此 λ_k 为 n 重特征值.

其余 λ_i 均不是 A 的特征值

若 λ_i 是 A 的特征值，则 λ_i 至少有1个线性无关的特征向量

⑧设 n 阶矩阵 A，B 满足 $AB=BA$，且 A 有 n 个互不相同的特征值，则 A 的特征向量都是 B 的特征向量.

【注】**证** 设 $\alpha(\neq\mathbf{0})$ 是 A 的对应特征值 λ 的特征向量，则有 $A\alpha=\lambda\alpha$. 由于 $AB=BA$，则

$$AB\alpha=BA\alpha=\lambda B\alpha,$$

则 $A(B\alpha)=\lambda(B\alpha)$.

若 $B\alpha\neq\mathbf{0}$，则 $B\alpha$ 也是 A 的特征向量，由于 A 的特征值全是单重的，故 λ 所对应的特征向量均线性相关，所以 $B\alpha$ 与 α 线性相关，即存在数 $\mu\neq 0$，使得 $B\alpha=\mu\alpha$. 这说明 α 也是 B 的特征向量.

若 $B\alpha=\mathbf{0}$，则有 $B\alpha=0\alpha$，即 α 也是 B 的特征向量.

⑨ 若$r(A)+r(B)<n$，则$Ax=0$，$Bx=0$至少有一个公共非零解ξ.

隐含条件体系块

【注】证 $r\left(\begin{bmatrix}A\\B\end{bmatrix}\right)\leqslant r\left(\begin{bmatrix}A&O\\O&B\end{bmatrix}\right)=r(A)+r(B)<n$，故$\begin{cases}Ax=0,\\Bx=0\end{cases}$有非零解$\xi$，即$A\xi=0$，$B\xi=0$，证毕.

例 7.3 已知$P^{-1}AP=\begin{bmatrix}1&0&0\\0&3&0\\0&0&3\end{bmatrix}$，$\alpha_1$是矩阵$A$属于特征值$\lambda=1$的特征向量，$\alpha_2$，$\alpha_3$是矩阵$A$属于特征值$\lambda=3$的线性无关的特征向量，则矩阵$P$不可以是（　　）.

（A）$[\alpha_1, -2\alpha_2, \alpha_3]$　　（B）$[\alpha_1, \alpha_2+\alpha_3, \alpha_2-2\alpha_3]$

（C）$[\alpha_1, \alpha_3, \alpha_2]$　　（D）$[\alpha_1+\alpha_2, \alpha_1-\alpha_2, \alpha_3]$

【解】应选（D）.

若$P^{-1}AP=\Lambda=\begin{bmatrix}a_1&&\\&a_2&\\&&a_3\end{bmatrix}$，$P=[\gamma_1, \gamma_2, \gamma_3]$，则有$AP=P\Lambda$，即

$$A[\gamma_1, \gamma_2, \gamma_3]=[\gamma_1, \gamma_2, \gamma_3]\begin{bmatrix}a_1&&\\&a_2&\\&&a_3\end{bmatrix},$$

也即$[A\gamma_1, A\gamma_2, A\gamma_3]=[a_1\gamma_1, a_2\gamma_2, a_3\gamma_3]$. 由此，$\gamma_i$是矩阵$A$属于特征值$a_i$（$i=1, 2, 3$）的特征向量，又因矩阵$P$可逆，因此，$\gamma_1$，$\gamma_2$，$\gamma_3$线性无关.

若α是属于特征值λ的特征向量，则-2α仍是属于特征值λ的特征向量，故（A）正确.

若α，β是属于特征值λ的线性无关的特征向量，则非零向量$k_1\alpha+k_2\beta$仍是属于特征值λ的特征向量. 本题中，α_2，α_3是属于$\lambda=3$的线性无关的特征向量，故$\alpha_2+\alpha_3$，$\alpha_2-2\alpha_3$仍是属于$\lambda=3$的特征向量，并且$\alpha_2+\alpha_3$，$\alpha_2-2\alpha_3$线性无关，故（B）正确.

关于（C），因为α_2，α_3均是$\lambda=3$的特征向量，所以α_2，α_3谁在前谁在后均正确，即（C）正确.

由于α_1，α_2是不同特征值的特征向量，因此$\alpha_1+\alpha_2$，$\alpha_1-\alpha_2$不再是矩阵A的特征向量，故（D）不正确.

三、利用矩阵方程命题

（D_1（常规操作）+D_{22}（转换等价表述）+D_{23}（化归经典形式））

→D_{23}（化归经典形式）

（1）$AB=O\Rightarrow A[\beta_1, \beta_2, \cdots, \beta_n]=[0, 0, \cdots, 0]$，即$A\beta_i=0\beta_i$（$i=1, 2, \cdots, n$），若$\beta_i$均为非零列向量，则$\beta_i$为$A$的属于特征值$\lambda=0$的特征向量.

形式化归体系块

（2）若任意n维列向量$\xi(\neq 0)$均为$(\lambda E-A)x=0$的解，则令$e_1=\begin{bmatrix}1\\0\\\vdots\\0\end{bmatrix}$，$e_2=\begin{bmatrix}0\\1\\\vdots\\0\end{bmatrix}$，$\cdots$，$e_n=\begin{bmatrix}0\\\vdots\\0\\1\end{bmatrix}$，

且$B=[e_1,e_2,\cdots,e_n]$，于是$(\lambda E-A)B=O$，由于B可逆，因此有$\lambda E-A=O$，即$A=\lambda E$.

D$_{23}$（化归经典形式）　D$_{23}$（化归经典形式）

（3）$AB=C\Rightarrow A[\beta_1,\beta_2,\cdots,\beta_n]=[\gamma_1,\gamma_2,\cdots,\gamma_n]\xlongequal{若}[\lambda_1\beta_1,\lambda_2\beta_2,\cdots,\lambda_n\beta_n]$，即$A\beta_i=\lambda_i\beta_i\ (i=1,2,\cdots,n)$，其中$\gamma_i=\lambda_i\beta_i$，$\beta_i$为非零列向量，则$\beta_i$为$A$的属于特征值$\lambda_i$的特征向量.

（4）$AP=PB$，P可逆$\Rightarrow P^{-1}AP=B\Rightarrow A\sim B\Rightarrow\lambda_A=\lambda_B$.

D$_{23}$（化归经典形式）

（5）A的每行元素之和均为$k\Rightarrow A\begin{bmatrix}1\\1\\\vdots\\1\end{bmatrix}=k\begin{bmatrix}1\\1\\\vdots\\1\end{bmatrix}\Rightarrow k$是特征值，$\begin{bmatrix}1\\1\\\vdots\\1\end{bmatrix}$是$A$的属于特征值$k$的特征向量.

D$_{22}$（转换等价表述）

（6）若A可逆，A的每行元素之和均为k，则A^{-1}的每行元素之和均为$\dfrac{1}{k}$.

D$_{22}$（转换等价表述）

（7）若A的每行元素之和均为k，则A^n的每行元素之和均为k^n.

形式化归体系块

例 7.4 设A，B，C均是3阶矩阵，且满足$(A+2E)B=O$，$CA^{\mathrm T}=2C$，其中

$$B=\begin{bmatrix}1&2&3\\-1&1&0\\2&-1&1\end{bmatrix},\ C=\begin{bmatrix}1&-2&1\\-2&4&-2\\-1&2&-1\end{bmatrix},$$

求矩阵A的特征值与特征向量.

D$_{23}$（化归经典形式）

【解】由题设条件，①由$(A+2E)B=O$，得$AB+2B=O$，即$AB=-2B$，将B按列分块，设$B=[\beta_1,\beta_2,\beta_3]$，则有

$$A[\beta_1,\beta_2,\beta_3]=-2[\beta_1,\beta_2,\beta_3],$$

即$A\beta_i=-2\beta_i$，$i=1,2,3$，故$\beta_i\ (i=1,2,3)$是A的属于特征值$\lambda=-2$的特征向量.

D$_{21}$（观察研究对象）

又因β_1，β_2线性无关，$\beta_3=\beta_1+\beta_2$，故β_1，β_2是A的属于特征值$\lambda=-2$的线性无关的特征向量，且$\lambda=-2$至少是二重根.因为若$\lambda=-2$是单根，则其恰有一个线性无关的特征向量，矛盾.

② $CA^{\mathrm T}=2C$，两边取转置得$AC^{\mathrm T}=2C^{\mathrm T}$，将$C^{\mathrm T}$按列分块，设$C^{\mathrm T}=[\alpha_1,\alpha_2,\alpha_3]$，则有

$$A[\alpha_1,\alpha_2,\alpha_3]=2[\alpha_1,\alpha_2,\alpha_3],$$

即$A\alpha_i=2\alpha_i$，$i=1,2,3$，故$\alpha_i\ (i=1,2,3)$是A的属于特征值$\lambda=2$的特征向量. D$_{23}$（化归经典形式）

因α_1，α_2，α_3互成比例，故α_1是A的属于特征值$\lambda=2$的特征向量，于是$\lambda=-2$是二重根.

综上，A的特征值为$\lambda_1=\lambda_2=-2$，$\lambda_3=2$，对应于$\lambda_1=\lambda_2=-2$的全部特征向量是$k_1\begin{bmatrix}1\\-1\\2\end{bmatrix}+k_2\begin{bmatrix}2\\1\\-1\end{bmatrix}$，$k_1$，$k_2$不全为0；对应于$\lambda_3=2$的全部特征向量是$k_3\begin{bmatrix}1\\-2\\1\end{bmatrix}$，$k_3\neq0$.

第8讲 相似理论

三向解题法

相似理论
（O（盯住目标））

- 化归相似对角化的基本局面（O_1（盯住目标1）+ D_1（常规操作）+D_{23}（化归经典形式））
- 用各种条件判 A 能否相似对角化（O_2（盯住目标2）+ D_1（常规操作）+D_{22}（转换等价表述））
- 非对称矩阵 A 与实对称矩阵 A 相似对角化的异同（O_3（盯住目标3）+ D_1（常规操作）+D_{21}（观察研究对象））
- A 与 B 相似（O_4（盯住目标4）+ D_1（常规操作）+D_{21}（观察研究对象）+P_4（逆否思路））
- 相似对角化的应用（O_5（盯住目标5）+ D_1（常规操作）+D_{22}（转换等价表述））
- 正交矩阵及其使用（O_6（盯住目标6）+ D_1（常规操作）+D_{21}（观察研究对象））

一、化归相似对角化的基本局面

（O_1（盯住目标1）+ D_1（常规操作）+D_{23}（化归经典形式））

若 n 阶矩阵 A 有 n 个线性无关的特征向量，则 A 可相似对角化，且有

$$[\xi_1,\xi_2,\cdots,\xi_n]^{-1}A[\xi_1,\xi_2,\cdots,\xi_n]=\begin{bmatrix}\lambda_1&&&\\&\lambda_2&&\\&&\ddots&\\&&&\lambda_n\end{bmatrix},$$

牢记这个形式.

λ的位置与特征向量的位置是对应的，

如$A_{3\times3}$：$\lambda_1=\lambda_2=3,\ \lambda_3=7$
$\downarrow\quad\downarrow\quad\downarrow$
$\xi_1\quad\xi_2\quad\xi_3$ 线性无关

则 $[\xi_1,\xi_2,\xi_3]^{-1}A[\xi_1,\xi_2,\xi_3]=\begin{bmatrix}3&&\\&3&\\&&7\end{bmatrix}$，$[\xi_3,\xi_2,\xi_1]^{-1}A[\xi_3,\xi_2,\xi_1]=\begin{bmatrix}7&&\\&3&\\&&3\end{bmatrix}$

例 8.1 设 A 为 3 阶矩阵，P 为 3 阶可逆矩阵，且 $P^{-1}AP=\begin{bmatrix}1&0&0\\0&1&0\\0&0&2\end{bmatrix}$ →基本局面. 若 $P=[\alpha_1,\alpha_2,\alpha_3]$，

→D_{23}（化归经典形式），化为基本局面

$Q=[\alpha_1+\alpha_2,\alpha_2,\alpha_3]$，则 $Q^{-1}AQ=$（　　）.

（A）$\begin{bmatrix}1&0&0\\0&2&0\\0&0&1\end{bmatrix}$　（B）$\begin{bmatrix}1&0&0\\0&1&0\\0&0&2\end{bmatrix}$　（C）$\begin{bmatrix}2&0&0\\0&1&0\\0&0&2\end{bmatrix}$　（D）$\begin{bmatrix}2&0&0\\0&2&0\\0&1&1\end{bmatrix}$

【解】应选（B）.

由 $P^{-1}AP=\begin{bmatrix}1&0&0\\0&1&0\\0&0&2\end{bmatrix}$ 知，矩阵 A 可相似对角化，因而其相似变换矩阵 P 的列向量 α_1，α_2，α_3 分别是 A 的属于特征值 $\lambda_1=\lambda_2=1$，$\lambda_3=2$ 的特征向量，由于 $\lambda_1=\lambda_2=1$ 是 A 的二重特征值，因而 $\alpha_1+\alpha_2$ 仍是 A 的属于特征值 1 的特征向量，即 $A(\alpha_1+\alpha_2)=1(\alpha_1+\alpha_2)$，且 $\alpha_1+\alpha_2$ 与 α_2 线性无关，从而有

$$Q^{-1}AQ=[\alpha_1+\alpha_2,\alpha_2,\alpha_3]^{-1}A[\alpha_1+\alpha_2,\alpha_2,\alpha_3]=\begin{bmatrix}1&0&0\\0&1&0\\0&0&2\end{bmatrix}.$$

故选（B）.

→D_{22}（转换等价表述），当一个结论有“充要”“充分”“必要”“否定”等多种条件，从而构成了一个“好的命题点”时，便给考生指出了重点复习的方向.

二、用各种条件判 A 能否相似对角化

（O_2（盯住目标 2）+D_1（常规操作）+D_{22}（转换等价表述））

1. 充要条件

（1）A 有 n 个线性无关的特征向量 $\Leftrightarrow A\sim\Lambda$.

（2）$n_i=n-r(\lambda_iE-A)\Leftrightarrow A\sim\Lambda$.

→如 $A_{5\times5}$，$\lambda_1=\lambda_2=7$，$\lambda_3=\lambda_4=\lambda_5=2$

$\downarrow$ ξ_1 ξ_2　ξ_3 ξ_4 ξ_5

$2=5-r(7E-A)$　$3=5-r(2E-A)$

2. 充分条件

（1）A 是实对称矩阵 $\Rightarrow A\sim\Lambda$.

→ A 实对称 $\begin{cases}\lambda_1\neq\lambda_2\Rightarrow\xi_1\perp\xi_2,\\\lambda_1=\lambda_2\Rightarrow\xi_1,\xi_2\text{ 线性无关.}\end{cases}$

A 普通 $\begin{cases}\lambda_1\neq\lambda_2\Rightarrow\xi_1,\xi_2\text{ 线性无关,}\\\lambda_1=\lambda_2\Rightarrow\xi_1,\xi_2\text{ 可能线性相关，也可能线性无关}\end{cases}$

（2）A 有 n 个互异特征值 $\Rightarrow A\sim\Lambda$.

（3）$A^k=E$（k 为正整数）$\Rightarrow A\sim\Lambda$.

（4）$A^2-(k_1+k_2)A+k_1k_2E=O$ 且 $k_1\neq k_2\Rightarrow A\sim\Lambda$.

（5）$r(A)=1$ 且 $\operatorname{tr}(A)\neq0\Rightarrow A\sim\Lambda$.

3. 必要条件

$A\sim\Lambda\Rightarrow r(A)=$ 非零特征值的个数（重根按重数算）.

→ $r(A)=r(P^{-1}AP)=r(\Lambda)$

4. 否定条件

（1）$A\neq O$，$A^k=O$（k 为大于 1 的整数）$\Rightarrow A$ 不可相似对角化.

(2) A的特征值全为k，但$A\neq kE\Rightarrow A$不可相似对角化.

例 8.2 下列矩阵中不能相似于对角矩阵的是（　　）.

(A) $A=\begin{bmatrix}1&1&0\\0&1&0\\0&0&2\end{bmatrix}$　　(B) $B=\begin{bmatrix}1&0&0\\0&1&1\\0&0&2\end{bmatrix}$

(C) $C=\begin{bmatrix}1&1&0\\0&2&1\\0&0&3\end{bmatrix}$　　(D) $D=\begin{bmatrix}1&0&0\\0&1&1\\0&1&2\end{bmatrix}$

【解】应选（A）.

因矩阵D是对称矩阵，故必相似于对角矩阵，矩阵C有三个不同的特征值，故能相似于对角矩阵. 矩阵A，矩阵B的特征值均为$\lambda=1$（二重），$\lambda=2$（单根），当$\lambda=1$时，$r(\lambda E-A)=r\left(\begin{bmatrix}0&-1&0\\0&0&0\\0&0&-1\end{bmatrix}\right)=2$，只对应一个线性无关的特征向量，故矩阵$A$不能相似于对角矩阵；而当$\lambda=1$时，

$r(\lambda E-B)=r\left(\begin{bmatrix}0&0&0\\0&0&-1\\0&0&-1\end{bmatrix}\right)=1$，有两个线性无关的特征向量，故矩阵$B$能相似于对角矩阵，故选（A）.

例 8.3 设矩阵$A=\begin{bmatrix}2&1&0\\1&2&0\\1&a&b\end{bmatrix}$仅有两个不同的特征值. 若$A$相似于对角矩阵，求$a$，$b$的值，并求可逆矩阵$P$，使得$P^{-1}AP$为对角矩阵.

【解】因为

$$|\lambda E-A|=\begin{vmatrix}\lambda-2&-1&0\\-1&\lambda-2&0\\-1&-a&\lambda-b\end{vmatrix}=(\lambda-b)(\lambda-1)(\lambda-3),$$

所以A的特征值为$\lambda_1=b$，$\lambda_2=1$，$\lambda_3=3$.

因为矩阵A仅有两个不同的特征值，所以$\lambda_1=\lambda_2$或$\lambda_1=\lambda_3$.

①当$\lambda_1=\lambda_2=1$时，有$b=1$. 因为A相似于对角矩阵，所以$r(E-A)=1$，故$a=1$.

解方程组$(E-A)x=0$，得A的对应于特征值1的线性无关的特征向量$\xi_1=\begin{bmatrix}-1\\1\\0\end{bmatrix}$，$\xi_2=\begin{bmatrix}0\\0\\1\end{bmatrix}$.

对于$\lambda_3=3$，解方程组$(3E-A)x=0$，得A的对应于特征值3的特征向量$\xi_3=\begin{bmatrix}1\\1\\1\end{bmatrix}$.

令 $P=[\xi_1, \xi_2, \xi_3]=\begin{bmatrix}-1 & 0 & 1\\ 1 & 0 & 1\\ 0 & 1 & 1\end{bmatrix}$,则 $P^{-1}AP=\begin{bmatrix}1 & 0 & 0\\ 0 & 1 & 0\\ 0 & 0 & 3\end{bmatrix}$.

②当 $\lambda_1=\lambda_3=3$ 时,有 $b=3$. 因为 A 相似于对角矩阵,所以 $r(3E-A)=1$,故 $a=-1$.

解方程组 $(3E-A)x=0$,得 A 的对应于特征值 3 的线性无关的特征向量 $\eta_1=\begin{bmatrix}1\\1\\0\end{bmatrix}$, $\eta_2=\begin{bmatrix}0\\0\\1\end{bmatrix}$.

对于 $\lambda_2=1$,解方程组 $(E-A)x=0$,得 A 的对应于特征值 1 的特征向量 $\eta_3=\begin{bmatrix}-1\\1\\1\end{bmatrix}$.

令 $P=[\eta_1, \eta_2, \eta_3]=\begin{bmatrix}1 & 0 & -1\\ 1 & 0 & 1\\ 0 & 1 & 1\end{bmatrix}$,则 $P^{-1}AP=\begin{bmatrix}3 & 0 & 0\\ 0 & 3 & 0\\ 0 & 0 & 1\end{bmatrix}$.

三、非对称矩阵 A 与实对称矩阵 A 相似对角化的异同
(O_3(盯住目标3)+D_1(常规操作)+D_{21}(观察研究对象))

1. 非对称矩阵 A 不存在正交矩阵 Q,使其相似对角化

$$A \xrightarrow{3\text{个线性无关的}\xi} A\sim\Lambda \Rightarrow [\xi_1,\xi_2,\xi_3]^{-1}A[\xi_1,\xi_2,\xi_3]=\begin{bmatrix}\lambda_1 & & \\ & \lambda_2 & \\ & & \lambda_3\end{bmatrix}$$

2. 实对称矩阵 A 存在正交矩阵 Q,使其相似对角化

$$A^T=A \xrightarrow{\text{无条件}} A\sim\Lambda \Rightarrow [\xi_1,\xi_2,\xi_3]^{-1}A[\xi_1,\xi_2,\xi_3]=\begin{bmatrix}\lambda_1 & & \\ & \lambda_2 & \\ & & \lambda_3\end{bmatrix}$$

$\Big\downarrow$正交化 单位化

$\xi_3, \xi_2, \xi_1 \xrightarrow[\text{单位化}]{\text{正交化}} \eta_3, \eta_2, \eta_1$

$$[\eta_1,\eta_2,\eta_3]^{-1}A[\eta_1,\eta_2,\eta_3]=\begin{bmatrix}\lambda_1 & & \\ & \lambda_2 & \\ & & \lambda_3\end{bmatrix}$$

$$[\eta_1,\eta_2,\eta_3]^T A[\eta_1,\eta_2,\eta_3]=\begin{bmatrix}\lambda_1 & & \\ & \lambda_2 & \\ & & \lambda_3\end{bmatrix}$$

形式化归体系块

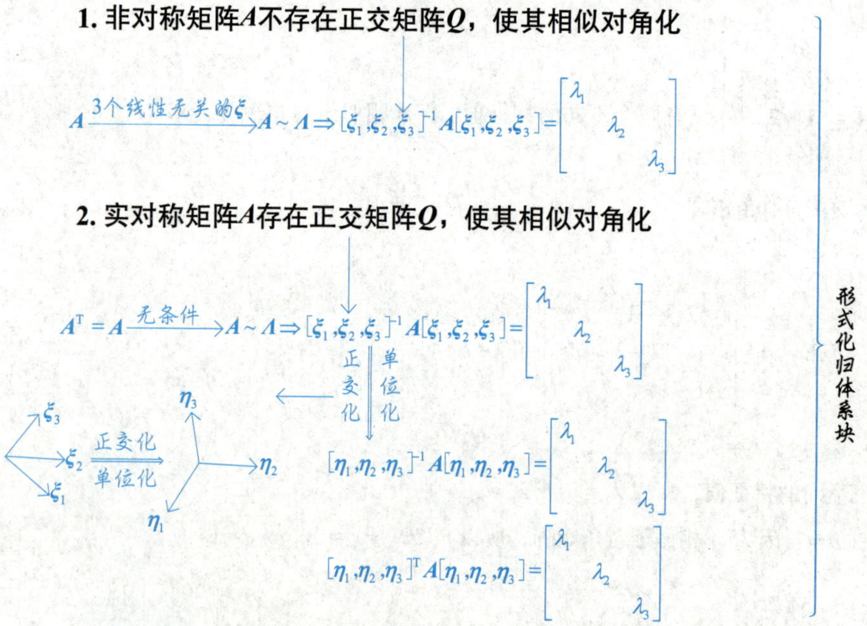

例 8.4 设 A 是 3 阶实矩阵,则"A 是实对称矩阵"是"A 有 3 个相互正交的特征向量"的(　　).

(A) 充分非必要条件　　　　　　　(B) 必要非充分条件
(C) 充要条件　　　　　　　　　　(D) 既非充分又非必要条件

【解】应选 (C).

充分性是显然的,实对称矩阵对应不同特征值的特征向量一定是正交的,同一特征值的线性无关的特征向量可进行施密特正交化处理,从而得到 3 个相互正交的特征向量.

必要性．设$\boldsymbol{\beta}_1$，$\boldsymbol{\beta}_2$，$\boldsymbol{\beta}_3$是 3 阶矩阵 $\boldsymbol{A}$ 的 3 个相互正交的特征向量（注意，3 个相互正交的特征向量必是 3 个线性无关的特征向量），则该 3 阶矩阵 $\boldsymbol{A}$ 必可相似对角化，将相互正交的特征向量$\boldsymbol{\beta}_1$，$\boldsymbol{\beta}_2$，$\boldsymbol{\beta}_3$单位化处理成$\boldsymbol{\gamma}_1$，$\boldsymbol{\gamma}_2$，$\boldsymbol{\gamma}_3$，则$\boldsymbol{\gamma}_1$，$\boldsymbol{\gamma}_2$，$\boldsymbol{\gamma}_3$仍是该 3 阶矩阵 $\boldsymbol{A}$ 的特征向量，且此时$\boldsymbol{Q}=[\boldsymbol{\gamma}_1,\boldsymbol{\gamma}_2,\boldsymbol{\gamma}_3]$就是由特征向量组成的正交矩阵（可逆），于是便有$\boldsymbol{Q}^{-1}\boldsymbol{AQ}=\boldsymbol{\Lambda}$，从而$\boldsymbol{A}=\boldsymbol{Q\Lambda Q}^{-1}$，进而

$$\boldsymbol{A}^{\mathrm{T}}=(\boldsymbol{Q\Lambda Q}^{-1})^{\mathrm{T}}=(\boldsymbol{Q}^{-1})^{\mathrm{T}}\boldsymbol{\Lambda}^{\mathrm{T}}\boldsymbol{Q}^{\mathrm{T}}=(\boldsymbol{Q}^{\mathrm{T}})^{\mathrm{T}}\boldsymbol{\Lambda Q}^{-1}=\boldsymbol{Q\Lambda Q}^{-1}=\boldsymbol{A},$$

于是 $\boldsymbol{A}$ 是实对称矩阵．

例 8.5 设 $\boldsymbol{A}$ 是 3 阶实对称矩阵，已知 $\boldsymbol{A}$ 的每行元素之和为 3，且有二重特征值 $\lambda_1=\lambda_2=1$. 求 $\boldsymbol{A}$ 的全部特征值、特征向量，并求 $\boldsymbol{A}^n$.

【解】**法一** $\boldsymbol{A}$ 是 3 阶矩阵，每行元素之和为 3，即有

$$\boldsymbol{A}\begin{bmatrix}1\\1\\1\end{bmatrix}=\begin{bmatrix}3\\3\\3\end{bmatrix}=3\begin{bmatrix}1\\1\\1\end{bmatrix},$$

故知 $\boldsymbol{A}$ 有特征值 $\lambda_3=3$，对应的特征向量为 $\boldsymbol{\xi}_3=[1,\ 1,\ 1]^{\mathrm{T}}$，所以对应于 $\lambda_3=3$ 的全部特征向量为 $k_3\boldsymbol{\xi}_3$（k_3 为任意非零常数）.

又 $\boldsymbol{A}$ 是实对称矩阵，不同特征值对应的特征向量正交，故设 $\lambda_1=\lambda_2=1$ 对应的特征向量为 $\boldsymbol{\xi}=[x_1,\ x_2,\ x_3]^{\mathrm{T}}$，于是

$$\boldsymbol{\xi}_3^{\mathrm{T}}\boldsymbol{\xi}=x_1+x_2+x_3=0,$$

解得 $\lambda_1=\lambda_2=1$ 的线性无关的特征向量为

$$\boldsymbol{\xi}_1=[-1,\ 1,\ 0]^{\mathrm{T}},\ \boldsymbol{\xi}_2=[-1,\ 0,\ 1]^{\mathrm{T}}.$$

所以对应于 $\lambda_1=\lambda_2=1$ 的全部特征向量为 $k_1\boldsymbol{\xi}_1+k_2\boldsymbol{\xi}_2$（$k_1$，$k_2$ 为不全为零的任意常数）.

取 $\boldsymbol{P}=[\boldsymbol{\xi}_1,\ \boldsymbol{\xi}_2,\ \boldsymbol{\xi}_3]=\begin{bmatrix}-1&-1&1\\1&0&1\\0&1&1\end{bmatrix}$，则 $\boldsymbol{P}^{-1}\boldsymbol{AP}=\begin{bmatrix}1&&\\&1&\\&&3\end{bmatrix}=\boldsymbol{\Lambda}$，故

$$\boldsymbol{A}=\boldsymbol{P\Lambda P}^{-1},\ \boldsymbol{A}^n=\boldsymbol{P\Lambda P}^{-1}\cdots\boldsymbol{P\Lambda P}^{-1}=\boldsymbol{P\Lambda}^n\boldsymbol{P}^{-1},$$

其中 $\boldsymbol{P}^{-1}$ 可如下求得:

$$\left[\begin{array}{ccc|ccc}-1&-1&1&1&0&0\\1&0&1&0&1&0\\0&1&1&0&0&1\end{array}\right]\xrightarrow{\text{互换}}\left[\begin{array}{ccc|ccc}1&0&1&0&1&0\\-1&-1&1&1&0&0\\0&1&1&0&0&1\end{array}\right]\xrightarrow{\text{互换}}\left[\begin{array}{ccc|ccc}1&0&1&0&1&0\\0&1&1&0&0&1\\-1&-1&1&1&0&0\end{array}\right]$$

$$\xrightarrow{\text{1倍加至}}\left[\begin{array}{ccc|ccc}1&0&1&0&1&0\\0&1&1&0&0&1\\0&-1&2&1&1&0\end{array}\right]\xrightarrow{\text{1倍加至}}\left[\begin{array}{ccc|ccc}1&0&1&0&1&0\\0&1&1&0&0&1\\0&0&3&1&1&1\end{array}\right]\xrightarrow{\times\frac{1}{3}}\left[\begin{array}{ccc|ccc}1&0&1&0&1&0\\0&1&1&0&0&1\\0&0&1&\frac{1}{3}&\frac{1}{3}&\frac{1}{3}\end{array}\right]$$

（(-1)倍加至，(-1)倍加至）

$$\rightarrow\left[\begin{array}{ccc:ccc}1&0&0&-\frac{1}{3}&\frac{2}{3}&-\frac{1}{3}\\0&1&0&-\frac{1}{3}&-\frac{1}{3}&\frac{2}{3}\\0&0&1&\frac{1}{3}&\frac{1}{3}&\frac{1}{3}\end{array}\right],$$

则 $\boldsymbol{P}^{-1}=\frac{1}{3}\begin{bmatrix}-1&2&-1\\-1&-1&2\\1&1&1\end{bmatrix}$，故

$$\begin{aligned}\boldsymbol{A}^n=\boldsymbol{P}\boldsymbol{\Lambda}^n\boldsymbol{P}^{-1}&=\frac{1}{3}\begin{bmatrix}-1&-1&1\\1&0&1\\0&1&1\end{bmatrix}\begin{bmatrix}1&&\\&1&\\&&3\end{bmatrix}^n\begin{bmatrix}-1&2&-1\\-1&-1&2\\1&1&1\end{bmatrix}\\&=\frac{1}{3}\begin{bmatrix}-1&-1&1\\1&0&1\\0&1&1\end{bmatrix}\begin{bmatrix}1&&\\&1&\\&&3^n\end{bmatrix}\begin{bmatrix}-1&2&-1\\-1&-1&2\\1&1&1\end{bmatrix}\\&=\frac{1}{3}\begin{bmatrix}2+3^n&-1+3^n&-1+3^n\\-1+3^n&2+3^n&-1+3^n\\-1+3^n&-1+3^n&2+3^n\end{bmatrix}.\end{aligned}$$

法二 由法一得，$\boldsymbol{A}\boldsymbol{\xi}_3=\lambda_3\boldsymbol{\xi}_3$，其中 $\lambda_3=3$，$\boldsymbol{\xi}_3=[1,1,1]^{\mathrm{T}}$. 所以对应于 $\lambda_3=3$ 的全部特征向量为 $k_3\boldsymbol{\xi}_3$（k_3 为任意非零常数）.

设 $\lambda_1=\lambda_2=1$ 对应的特征向量为 $\boldsymbol{\xi}=[x_1,x_2,x_3]^{\mathrm{T}}$，则

$$\boldsymbol{\xi}_3^{\mathrm{T}}\boldsymbol{\xi}=x_1+x_2+x_3=0,$$

取 $\boldsymbol{\xi}_1=[1,-1,0]^{\mathrm{T}}$，再取 $\boldsymbol{\xi}_2$ 与 $\boldsymbol{\xi}_1$ 正交，设 $\boldsymbol{\xi}_2=[1,1,x]^{\mathrm{T}}$，代入上式得 $\boldsymbol{\xi}_2=[1,1,-2]^{\mathrm{T}}$，所以对应于 $\lambda_1=\lambda_2=1$ 的全部特征向量为 $k_1\boldsymbol{\xi}_1+k_2\boldsymbol{\xi}_2$（$k_1$，$k_2$ 为不全为零的任意常数）.

将 $\boldsymbol{\xi}_1$，$\boldsymbol{\xi}_2$，$\boldsymbol{\xi}_3$ 单位化，并取正交矩阵

$$\boldsymbol{Q}=[\boldsymbol{\xi}_1^{\circ},\boldsymbol{\xi}_2^{\circ},\boldsymbol{\xi}_3^{\circ}]=\begin{bmatrix}\frac{1}{\sqrt{2}}&\frac{1}{\sqrt{6}}&\frac{1}{\sqrt{3}}\\-\frac{1}{\sqrt{2}}&\frac{1}{\sqrt{6}}&\frac{1}{\sqrt{3}}\\0&-\frac{2}{\sqrt{6}}&\frac{1}{\sqrt{3}}\end{bmatrix},$$

则
$$\boldsymbol{Q}^{-1}\boldsymbol{A}\boldsymbol{Q}=\boldsymbol{Q}^{\mathrm{T}}\boldsymbol{A}\boldsymbol{Q}=\begin{bmatrix}1&&\\&1&\\&&3\end{bmatrix}=\boldsymbol{\Lambda},$$

$$A^n=Q\Lambda^nQ^{\mathrm T}=\begin{bmatrix}\frac{1}{\sqrt2}&\frac{1}{\sqrt6}&\frac{1}{\sqrt3}\\-\frac{1}{\sqrt2}&\frac{1}{\sqrt6}&\frac{1}{\sqrt3}\\0&-\frac{2}{\sqrt6}&\frac{1}{\sqrt3}\end{bmatrix}\begin{bmatrix}1&&\\&1&\\&&3^n\end{bmatrix}\begin{bmatrix}\frac{1}{\sqrt2}&-\frac{1}{\sqrt2}&0\\\frac{1}{\sqrt6}&\frac{1}{\sqrt6}&-\frac{2}{\sqrt6}\\\frac{1}{\sqrt3}&\frac{1}{\sqrt3}&\frac{1}{\sqrt3}\end{bmatrix}$$

$$=\frac13\begin{bmatrix}2+3^n&-1+3^n&-1+3^n\\-1+3^n&2+3^n&-1+3^n\\-1+3^n&-1+3^n&2+3^n\end{bmatrix}.$$

法三 由法一得，A 的特征值为 1，1，3，A 对应于 $\lambda_3=3$ 的特征向量为 $\xi_3=[1,1,1]^{\mathrm T}$，则 A^n 的特征值为 1，1，3^n，A^n-E 的特征值为 0，0，3^n-1，其对应于 3^n-1 的特征向量仍为 $\xi_3=[1,1,1]^{\mathrm T}$，单位化得 $\eta=\frac{1}{\sqrt3}[1,1,1]^{\mathrm T}=\frac{1}{\sqrt3}\xi_3$.

从而由实对称矩阵的相关结论（见注（2））得

$$A^n-E=(3^n-1)\eta\eta^{\mathrm T}=(3^n-1)\frac{1}{\sqrt3}\xi_3\times\frac{1}{\sqrt3}\xi_3^{\mathrm T}=\frac13(3^n-1)\begin{bmatrix}1&1&1\\1&1&1\\1&1&1\end{bmatrix},$$

故 $A^n=\frac13(3^n-1)\begin{bmatrix}1&1&1\\1&1&1\\1&1&1\end{bmatrix}+E=\frac13\begin{bmatrix}2+3^n&-1+3^n&-1+3^n\\-1+3^n&2+3^n&-1+3^n\\-1+3^n&-1+3^n&2+3^n\end{bmatrix}$.

【注】(1) 因为 A 是实对称矩阵，所以不同特征值对应的特征向量正交，且不仅存在可逆矩阵 P，使 $P^{-1}AP=\Lambda$，还存在正交矩阵 Q，使

$$Q^{-1}AQ=Q^{\mathrm T}AQ=\Lambda.$$

法二中利用正交矩阵 Q，有 $Q^{-1}=Q^{\mathrm T}$，避免了用初等变换求逆矩阵，较简便.

(2) 设 n 阶实对称矩阵 A 属于特征值 $\lambda_1,\lambda_2,\cdots,\lambda_n$ 的单位正交特征向量为 $\xi_1,\xi_2,\cdots,\xi_n$，则

$$A=\lambda_1\xi_1\xi_1^{\mathrm T}+\lambda_2\xi_2\xi_2^{\mathrm T}+\cdots+\lambda_n\xi_n\xi_n^{\mathrm T}.$$

证 令 $Q=[\xi_1,\xi_2,\cdots,\xi_n]$，有 $Q^{\mathrm T}AQ=\Lambda$，即

$$A=Q\Lambda Q^{\mathrm T}=[\xi_1,\xi_2,\cdots,\xi_n]\begin{bmatrix}\lambda_1&&&\\&\lambda_2&&\\&&\ddots&\\&&&\lambda_n\end{bmatrix}\begin{bmatrix}\xi_1^{\mathrm T}\\\xi_2^{\mathrm T}\\\vdots\\\xi_n^{\mathrm T}\end{bmatrix}$$

$$=\lambda_1\xi_1\xi_1^{\mathrm T}+\lambda_2\xi_2\xi_2^{\mathrm T}+\cdots+\lambda_n\xi_n\xi_n^{\mathrm T}.$$

若 $\lambda_1=100$，$0\leqslant\lambda_2,\lambda_3,\cdots,\lambda_n<0.1$，你是否看出 A 的主要成分是 $\lambda_1\xi_1\xi_1^{\mathrm T}$？

四、A与B相似

（O_4（盯住目标4）$+D_1$（常规操作）$+D_{21}$（观察研究对象）$+P_4$（逆否思路））

（1）若A相似于B，则

D_{22}（转换等价表述），当一个结论有“充要”“充分”“必要”“否定”等多种条件，从而构成了一个“好的命题点”时，便给考生指出了重点复习的方向.

隐含条件体系块

①$|A|=|B|$；

②$r(A)=r(B)$；

③$\mathrm{tr}(A)=\mathrm{tr}(B)$；

④$\lambda_A=\lambda_B$（或$|\lambda E-A|=|\lambda E-B|$）；

⑤属于λ_A的线性无关的特征向量的个数等于属于λ_B的线性无关的特征向量的个数；

⑥A，B的各阶主子式之和分别相等.

（2）若A相似于Λ，B相似于Λ，则A相似于B.

（3）若A相似于B，B相似于Λ，则A相似于Λ.

（4）A与B相似手段的“三同一不同”.

若$P^{-1}AP=B$，则$P^{-1}f(A)P=f(B)$，$P^{-1}A^{-1}P=B^{-1}$，$P^{-1}A^*P=B^*$，即$f(A)$与$f(B)$，A^{-1}与B^{-1}，A^*与B^*相似的手段相同，也即$P^{-1}[af(A)+bA^{-1}+cA^*]P=af(B)+bB^{-1}+cB^*$. 但$A^{\mathrm{T}}$与$B^{\mathrm{T}}$相似的手段与上面不同.

例 8.6 若矩阵A的伴随矩阵$A^*=\begin{bmatrix}3&2&-2\\0&-1&0\\a&2&-3\end{bmatrix}$相似于矩阵$B=\begin{bmatrix}-1&0&0\\-2&1&0\\0&0&-1\end{bmatrix}$，其中$|A|>0$.

（1）求a的值，并求可逆矩阵Q，使得$Q^{-1}A^*Q=B$；

（2）求A^{99}.

【解】（1）因为矩阵A^*与矩阵B相似，所以它们的特征值相同. 又因为矩阵B的特征多项式为

$$|\lambda E-B|=\begin{vmatrix}\lambda+1&0&0\\2&\lambda-1&0\\0&0&\lambda+1\end{vmatrix}=(\lambda+1)^2(\lambda-1),$$

所以B的特征值为$\lambda_1=\lambda_2=-1$，$\lambda_3=1$.

由矩阵A^*的特征多项式为

$$|\lambda E-A^*|=\begin{vmatrix}\lambda-3&-2&2\\0&\lambda+1&0\\-a&-2&\lambda+3\end{vmatrix}=(\lambda+1)(\lambda^2-9+2a),$$

则$\lambda^2-9+2a=(\lambda+1)(\lambda-1)$，解得$a=4$.

所以$A^*=\begin{bmatrix}3&2&-2\\0&-1&0\\4&2&-3\end{bmatrix}$，设$A^*$的特征值为$\lambda^*$，且$A^*$的特征值为$\lambda_1^*=\lambda_2^*=-1$，$\lambda_3^*=1$，分别对应的特征向

量为

$$\boldsymbol{\alpha}_1=[1,-2,0]^{\mathrm{T}},\ \boldsymbol{\alpha}_2=[1,0,2]^{\mathrm{T}},\ \boldsymbol{\alpha}_3=[1,0,1]^{\mathrm{T}}.$$

对$\boldsymbol{B}=\begin{bmatrix}-1&0&0\\-2&1&0\\0&0&-1\end{bmatrix}$，且$\boldsymbol{B}$的特征值为$\lambda_1=\lambda_2=-1,\ \lambda_3=1$，分别对应的特征向量为

$$\boldsymbol{\beta}_1=[1,1,0]^{\mathrm{T}},\ \boldsymbol{\beta}_2=[0,0,1]^{\mathrm{T}},\ \boldsymbol{\beta}_3=[0,1,0]^{\mathrm{T}}.$$

则有
$$\boldsymbol{P}_1^{-1}\boldsymbol{A}^*\boldsymbol{P}_1=\boldsymbol{\Lambda}=\begin{bmatrix}-1&&\\&-1&\\&&1\end{bmatrix},\ \boldsymbol{P}_2^{-1}\boldsymbol{B}\boldsymbol{P}_2=\boldsymbol{\Lambda}=\begin{bmatrix}-1&&\\&-1&\\&&1\end{bmatrix},$$

其中$\boldsymbol{P}_1=[\boldsymbol{\alpha}_1,\boldsymbol{\alpha}_2,\boldsymbol{\alpha}_3]=\begin{bmatrix}1&1&1\\-2&0&0\\0&2&1\end{bmatrix}$，$\boldsymbol{P}_2=[\boldsymbol{\beta}_1,\boldsymbol{\beta}_2,\boldsymbol{\beta}_3]=\begin{bmatrix}1&0&0\\1&0&1\\0&1&0\end{bmatrix}$，故有$\boldsymbol{P}_2\boldsymbol{P}_1^{-1}\boldsymbol{A}^*\boldsymbol{P}_1\boldsymbol{P}_2^{-1}=\boldsymbol{B}$，即$(\boldsymbol{P}_1\boldsymbol{P}_2^{-1})^{-1}\boldsymbol{A}^*\boldsymbol{P}_1\boldsymbol{P}_2^{-1}=\boldsymbol{B}$，故存在可逆矩阵

$$\boldsymbol{Q}=\boldsymbol{P}_1\boldsymbol{P}_2^{-1}=\begin{bmatrix}1&1&1\\-2&0&0\\0&2&1\end{bmatrix}\begin{bmatrix}1&0&0\\1&0&1\\0&1&0\end{bmatrix}^{-1}=\begin{bmatrix}1&1&1\\-2&0&0\\0&2&1\end{bmatrix}\begin{bmatrix}1&0&0\\0&0&1\\-1&1&0\end{bmatrix}$$
$$=\begin{bmatrix}0&1&1\\-2&0&0\\-1&1&2\end{bmatrix},$$

使$\boldsymbol{Q}^{-1}\boldsymbol{A}^*\boldsymbol{Q}=\boldsymbol{B}$.

（2）由（1）知，$|\boldsymbol{A}^*|\neq0$，故$\boldsymbol{A}^*$可逆，λ^*为矩阵$\boldsymbol{A}^*$的特征值，对应的特征向量为$\boldsymbol{\alpha}$，则有$\boldsymbol{A}^*\boldsymbol{\alpha}=\lambda^*\boldsymbol{\alpha}$，在等式两端的左边乘矩阵$\boldsymbol{A}$得$\boldsymbol{A}\boldsymbol{A}^*\boldsymbol{\alpha}=\lambda^*\boldsymbol{A}\boldsymbol{\alpha}$，即$\boldsymbol{A}\boldsymbol{\alpha}=\dfrac{|\boldsymbol{A}|}{\lambda^*}\boldsymbol{\alpha}$，故$\dfrac{|\boldsymbol{A}|}{\lambda^*}$是矩阵$\boldsymbol{A}$的特征值，$\boldsymbol{\alpha}$是矩阵$\boldsymbol{A}$的对应于特征值$\dfrac{|\boldsymbol{A}|}{\lambda^*}$的特征向量.

$$|\boldsymbol{A}^*|=\begin{vmatrix}3&2&-2\\0&-1&0\\4&2&-3\end{vmatrix}=1=|\boldsymbol{A}|^2,$$

又$|\boldsymbol{A}|>0$，故$|\boldsymbol{A}|=1$，从而$\boldsymbol{A}$的特征值为$\mu_1=\mu_2=-1,\ \mu_3=1$.

由（1）得属于$\lambda_1^*=\lambda_2^*=-1$的线性无关的特征向量为$\boldsymbol{\alpha}_1=[1,-2,0]^{\mathrm{T}},\ \boldsymbol{\alpha}_2=[1,0,2]^{\mathrm{T}}$，属于$\lambda_3^*=1$的特征向量为$\boldsymbol{\alpha}_3=[1,0,1]^{\mathrm{T}}$，因此，矩阵$\boldsymbol{A}$对应于特征值$\mu_1=\mu_2=-1$的线性无关的特征向量为$\boldsymbol{\xi}_1=[1,-2,0]^{\mathrm{T}},\ \boldsymbol{\xi}_2=[1,0,2]^{\mathrm{T}}$，对应于特征值$\mu_3=1$的特征向量为$\boldsymbol{\xi}_3=[1,0,1]^{\mathrm{T}}$.

令$\boldsymbol{P}=[\boldsymbol{\xi}_1,\boldsymbol{\xi}_2,\boldsymbol{\xi}_3]$，则有

$$P^{-1}AP=\begin{bmatrix}-1&0&0\\0&-1&0\\0&0&1\end{bmatrix}=\Lambda,$$

于是$A=P\Lambda P^{-1}$，故

$$\begin{aligned}A^{99}&=P\Lambda^{99}P^{-1}\\&=\begin{bmatrix}1&1&1\\-2&0&0\\0&2&1\end{bmatrix}\begin{bmatrix}(-1)^{99}&0&0\\0&(-1)^{99}&0\\0&0&1^{99}\end{bmatrix}\begin{bmatrix}1&1&1\\-2&0&0\\0&2&1\end{bmatrix}^{-1}\\&=\begin{bmatrix}3&2&-2\\0&-1&0\\4&2&-3\end{bmatrix}.\end{aligned}$$

例 8.7 设A，B是可逆矩阵，且A与B相似，则下列结论错误的是（　　）.

（A）$A^{\mathrm T}$与$B^{\mathrm T}$相似　　（B）A^2+A^{-1}与B^2+B^{-1}相似

（C）$A+A^{\mathrm T}$与$B+B^{\mathrm T}$相似　　（D）A^*-A^{-1}与B^*-B^{-1}相似

【解】应选（C）.

因为$A\sim B$，所以$A^{\mathrm T}\sim B^{\mathrm T}$，$A^*\sim B^*$，$A^{-1}\sim B^{-1}$. 当$P^{-1}AP=B$且$A$可逆时，若$L(A)=af(A)+bA^{-1}+cA^*$，则$P^{-1}L(A)P=L(B)$，即$L(A)\sim L(B)$，故（A），（B），（D）均正确.

对于选项（C），可举反例，设$A=\begin{bmatrix}1&0\\0&2\end{bmatrix}$，$B=\begin{bmatrix}1&1\\0&2\end{bmatrix}$，则$A+A^{\mathrm T}=\begin{bmatrix}2&0\\0&4\end{bmatrix}$，$B+B^{\mathrm T}=\begin{bmatrix}2&1\\1&4\end{bmatrix}$，

→P_4（逆否思路）

显然$A+A^{\mathrm T}$和$B+B^{\mathrm T}$特征值不同，不相似，故（C）错误.

五、相似对角化的应用

（O_5（盯住目标 5）+D_1（常规操作）+D_{22}（转换等价表述））

例 8.8 已知数列$\{x_n\},\{y_n\},\{z_n\}$满足$x_0=-1$，$y_0=0$，$z_0=2$，且$\begin{cases}x_n=-2x_{n-1}+2z_{n-1},\\y_n=-2y_{n-1}-2z_{n-1},\\z_n=-6x_{n-1}-3y_{n-1}+3z_{n-1},\end{cases}$记$\alpha_n=\begin{bmatrix}x_n\\y_n\\z_n\end{bmatrix}$，写出满足$\alpha_n=A\alpha_{n-1}$的矩阵$A$，并求$A^n$及$x_n$，$y_n$，$z_n(n=1,2,\cdots)$.

→D_{23}（化归经典形式），线性组合写成矩阵相乘的形式

【解】由题设得$\begin{bmatrix}x_n\\y_n\\z_n\end{bmatrix}=\begin{bmatrix}-2&0&2\\0&-2&-2\\-6&-3&3\end{bmatrix}\begin{bmatrix}x_{n-1}\\y_{n-1}\\z_{n-1}\end{bmatrix}$，得矩阵$A=\begin{bmatrix}-2&0&2\\0&-2&-2\\-6&-3&3\end{bmatrix}$满足$\alpha_n=A\alpha_{n-1}$.

因为

$$|\lambda E-A|=\begin{vmatrix}\lambda+2&0&-2\\0&\lambda+2&2\\6&3&\lambda-3\end{vmatrix}=\lambda(\lambda-1)(\lambda+2),$$

所以矩阵 $\boldsymbol{A}$ 的特征值为 $\lambda_1=0,\lambda_2=1,\lambda_3=-2$.

当 $\lambda_1=0$ 时，解方程组 $(0\boldsymbol{E}-\boldsymbol{A})\boldsymbol{x}=\boldsymbol{0}$，得特征向量 $\boldsymbol{\xi}_1=\begin{bmatrix}1\\-1\\1\end{bmatrix}$；

当 $\lambda_2=1$ 时，解方程组 $(\boldsymbol{E}-\boldsymbol{A})\boldsymbol{x}=\boldsymbol{0}$，得特征向量 $\boldsymbol{\xi}_2=\begin{bmatrix}2\\-2\\3\end{bmatrix}$；

当 $\lambda_3=-2$ 时，解方程组 $(-2\boldsymbol{E}-\boldsymbol{A})\boldsymbol{x}=\boldsymbol{0}$，得特征向量 $\boldsymbol{\xi}_3=\begin{bmatrix}-1\\2\\0\end{bmatrix}$.

令 $\boldsymbol{P}=[\boldsymbol{\xi}_1,\boldsymbol{\xi}_2,\boldsymbol{\xi}_3]=\begin{bmatrix}1&2&-1\\-1&-2&2\\1&3&0\end{bmatrix}$，则 $\boldsymbol{P}^{-1}\boldsymbol{A}\boldsymbol{P}=\begin{bmatrix}0&0&0\\0&1&0\\0&0&-2\end{bmatrix}$，即 $\boldsymbol{A}=\boldsymbol{P}\begin{bmatrix}0&0&0\\0&1&0\\0&0&-2\end{bmatrix}\boldsymbol{P}^{-1}$，从而得 $\boldsymbol{A}^n=$

$$\boldsymbol{P}\begin{bmatrix}0&0&0\\0&1&0\\0&0&-2\end{bmatrix}^n\boldsymbol{P}^{-1}=\begin{bmatrix}1&2&-1\\-1&-2&2\\1&3&0\end{bmatrix}\begin{bmatrix}0&0&0\\0&1&0\\0&0&(-2)^n\end{bmatrix}\begin{bmatrix}6&3&-2\\-2&-1&1\\1&1&0\end{bmatrix}=\begin{bmatrix}-4-(-2)^n&-2-(-2)^n&2\\4-(-2)^{n+1}&2-(-2)^{n+1}&-2\\-6&-3&3\end{bmatrix}.$$

由递推式 $\boldsymbol{\alpha}_n=\boldsymbol{A}\boldsymbol{\alpha}_{n-1}$ 知 $\boldsymbol{\alpha}_n=\boldsymbol{A}^n\boldsymbol{\alpha}_0$，其中 $\boldsymbol{\alpha}_0=\begin{bmatrix}-1\\0\\2\end{bmatrix}$，所以

$$\boldsymbol{\alpha}_n=\boldsymbol{A}^n\boldsymbol{\alpha}_0=\begin{bmatrix}-4-(-2)^n&-2-(-2)^n&2\\4-(-2)^{n+1}&2-(-2)^{n+1}&-2\\-6&-3&3\end{bmatrix}\begin{bmatrix}-1\\0\\2\end{bmatrix}=\begin{bmatrix}8+(-2)^n\\-8+(-2)^{n+1}\\12\end{bmatrix},$$

故 $x_n=8+(-2)^n,\ y_n=-8+(-2)^{n+1},\ z_n=12(n=1,2,\cdots)$.

六、正交矩阵及其使用

（O_6（盯住目标 6）+ D_1（常规操作）+ D_{21}（观察研究对象））

(1) 若 $\boldsymbol{A}$ 为正交矩阵，则

$$\boldsymbol{A}^{\mathrm{T}}\boldsymbol{A}=\boldsymbol{E}\Leftrightarrow\boldsymbol{A}^{-1}=\boldsymbol{A}^{\mathrm{T}}$$

$\Leftrightarrow\boldsymbol{A}$ 由规范正交基组成

即组成 $\boldsymbol{A}$ 的每一行（列）均为两两正交的单位向量

D_{22}（转换等价表述），若对于一个知识点有多种等价说法或对于一个命题有多种充要条件，那么这里的 D_{22}（转换等价表述）就成了极为重要的考点

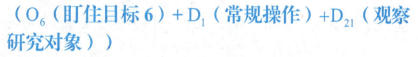

$\Leftrightarrow A^{\mathrm{T}}$ 是正交矩阵

$\Leftrightarrow A^{-1}$ 是正交矩阵

$\Leftrightarrow A^{*}$ 是正交矩阵

$\Leftrightarrow -A$ 是正交矩阵 .

（2）若 A，B 为同阶正交矩阵，则 AB 为正交矩阵，但 $A+B$ 不一定为正交矩阵 .

（3）若 A 为正交矩阵，则其实特征值的取值范围为 $\{-1，1\}$.

【注】证　设 $A\alpha=\lambda\alpha$，$\alpha\neq 0$，于是 $\alpha^{\mathrm{T}}A^{\mathrm{T}}=(A\alpha)^{\mathrm{T}}=(\lambda\alpha)^{\mathrm{T}}=\lambda\alpha^{\mathrm{T}}$，因为 $A^{\mathrm{T}}A=E$，所以

$$\alpha^{\mathrm{T}}\alpha=\alpha^{\mathrm{T}}A^{\mathrm{T}}A\alpha=(\lambda\alpha^{\mathrm{T}})\lambda\alpha=\lambda^2\alpha^{\mathrm{T}}\alpha,$$

则 $(1-\lambda^2)\alpha^{\mathrm{T}}\alpha=0$. 因为 α 是实特征向量，所以 $\alpha^{\mathrm{T}}\alpha=x_1^2+x_2^2+\cdots+x_n^2>0$，可知 $\lambda^2=1$，由于 λ 是实数，故只能是 -1 或 1.

（4）设 A 为 n 阶非零矩阵，$\begin{cases}若a_{ij}=A_{ij},则A^{\mathrm{T}}=A^{*},\ AA^{\mathrm{T}}=E,且|A|=1;\\ 若a_{ij}=-A_{ij},则A^{\mathrm{T}}=-A^{*},\ AA^{\mathrm{T}}=E,且|A|=-1.\end{cases}$ →D_{22}（转换等价表述）

【注】证　设 A 为 n 阶非零矩阵，若 $a_{ij}=A_{ij}$，则有 $A^{\mathrm{T}}=A^{*}$. 由 $AA^{*}=|A|E$，有 $AA^{\mathrm{T}}=|A|E$，$|AA^{\mathrm{T}}|=||A|E|$，得 $|A|^2=|A|^n$，于是 $|A|^2(1-|A|^{n-2})=0$. 又存在 $a_{ij}\neq 0$，则 $|A|=a_{i1}A_{i1}+\cdots+a_{in}A_{in}=a_{i1}^2+\cdots+a_{in}^2>0$，故 $|A|=1$. 于是有 $AA^{\mathrm{T}}=E$，A 为正交矩阵 . 同理可得，若 $a_{ij}=-A_{ij}$，则 $A^{\mathrm{T}}=-A^{*}$，$AA^{\mathrm{T}}=E$，且 $|A|=-1$.

例 8.9　设 A 为 3 阶正交矩阵，它的第 1 行、第 1 列位置的元素是 1，又设 $\beta=[1,0,0]^{\mathrm{T}}$，则方程组 $Ax=\beta$ 的解为________. →D_{22}（转换等价表述）

【解】应填 $\begin{bmatrix}1\\0\\0\end{bmatrix}$.

正交矩阵的几何背景：每一列（行）长度为1

已知 A 为 3 阶正交矩阵且 $a_{11}=1$，则 A 可逆且 $A=\begin{bmatrix}1&0&0\\0&a_{22}&a_{23}\\0&a_{32}&a_{33}\end{bmatrix}$. 根据克拉默法则知，$Ax=\beta$ 有唯一解，且

$$x=A^{-1}\beta=A^{\mathrm{T}}\beta=\begin{bmatrix}1&0&0\\0&a_{22}&a_{32}\\0&a_{23}&a_{33}\end{bmatrix}\begin{bmatrix}1\\0\\0\end{bmatrix}=\begin{bmatrix}1\\0\\0\end{bmatrix}.$$

命成"求方程组的解"，有可能意为"求矩阵方程的解"；
命成"求矩阵方程的解"，有可能转化为"求方程组的解".
皆因 $AX=B$ 既是矩阵方程，又是线性方程组，正所谓"项庄舞剑，意在沛公"

第9讲 二次型

三向解题法

二次型（O（盯住目标））

- $f=x^{\mathrm{T}}Ax$ 中 A 的表示（O_1（盯住目标1）+ D_1（常规操作）+ D_{23}（化归经典形式））
- 配方法与正交变换法的异同（O_2（盯住目标2）+ D_{23}（化归经典形式））
- 伪配方法（O_3（盯住目标3）+ D_{23}（化归经典形式））
- 正交变换法的传递性（O_4（盯住目标4）+ D_1（常规操作）+ D_{23}（化归经典形式））
- 合同的判定与手段（O_5（盯住目标5）+ D_1（常规操作）+ D_{23}（化归经典形式））
- 合同与相似的异同（O_6（盯住目标6）+ D_1（常规操作）+ D_{23}（化归经典形式））
- 正定的判定与应用（O_7（盯住目标7）+ D_1（常规操作）+ D_{23}（化归经典形式））
- 二次型的最值（O_8（盯住目标8）+ D_1（常规操作）+ D_{22}（转换等价表述）+ D_{23}（化归经典形式））

一、$f=x^{\mathrm{T}}Ax$ 中 A 的表示

（O_1（盯住目标1）+ D_1（常规操作）+ D_{23}（化归经典形式））

（1）给出非对称矩阵 B，令 $A=\dfrac{B+B^{\mathrm{T}}}{2}$，则 $A=A^{\mathrm{T}}$.

（2）通过题设或基本变形显化出 A.

形式化归体系块

例 9.1 已知三元二次型表示为 $f(x)=x^{\mathrm{T}}\begin{bmatrix}1&1&0\\0&1&1\\0&0&1\end{bmatrix}x$，则 f 的规范形为（　　）.

（A）$y_1^2-y_2^2+y_3^2$　　　　（B）$y_1^2+y_2^2+y_3^2$

（C）$-y_1^2-y_2^2-y_3^2$　　　　（D）$y_1^2-y_2^2-y_3^2$

【解】应选（B）.

二次型的矩阵为 $A=\begin{bmatrix}1&\frac{1}{2}&0\\\frac{1}{2}&1&\frac{1}{2}\\0&\frac{1}{2}&1\end{bmatrix}$，其各阶顺序主子式为 $\Delta_1=1>0$，$\Delta_2=\begin{vmatrix}1&\frac{1}{2}\\\frac{1}{2}&1\end{vmatrix}=\frac{3}{4}>0$，$\Delta_3=$

$\begin{vmatrix}1&\frac{1}{2}&0\\\frac{1}{2}&1&\frac{1}{2}\\0&\frac{1}{2}&1\end{vmatrix}=\frac{1}{2}>0$，所以$A$是正定矩阵，其正惯性指数$p=3$，因此二次型的规范形为$y_1^2+y_2^2+y_3^2$.

例 9.2 已知$\boldsymbol{\alpha}_1=\begin{bmatrix}1\\2\end{bmatrix}$，$\boldsymbol{\alpha}_2=\begin{bmatrix}a\\1\end{bmatrix}$，$\boldsymbol{x}=\begin{bmatrix}x_1\\x_2\end{bmatrix}$，若二次型$f(x_1,x_2)=\sum\limits_{i=1}^{2}(\boldsymbol{\alpha}_i,\boldsymbol{x})^2$正定，其中$(\boldsymbol{\alpha}_i,\boldsymbol{x})$表示向量$\boldsymbol{\alpha}_i$，$\boldsymbol{x}$的内积，则$a$的取值范围是________.

【解】应填$a\neq\frac{1}{2}$.

$$\begin{aligned}f(x_1,x_2)&=(\boldsymbol{\alpha}_1,\boldsymbol{x})^2+(\boldsymbol{\alpha}_2,\boldsymbol{x})^2\\&=(\boldsymbol{x},\boldsymbol{\alpha}_1)(\boldsymbol{\alpha}_1,\boldsymbol{x})+(\boldsymbol{x},\boldsymbol{\alpha}_2)(\boldsymbol{\alpha}_2,\boldsymbol{x})\\&=\boldsymbol{x}^{\mathrm T}\boldsymbol{\alpha}_1\boldsymbol{\alpha}_1^{\mathrm T}\boldsymbol{x}+\boldsymbol{x}^{\mathrm T}\boldsymbol{\alpha}_2\boldsymbol{\alpha}_2^{\mathrm T}\boldsymbol{x}=\boldsymbol{x}^{\mathrm T}(\boldsymbol{\alpha}_1\boldsymbol{\alpha}_1^{\mathrm T}+\boldsymbol{\alpha}_2\boldsymbol{\alpha}_2^{\mathrm T})\boldsymbol{x}\\&=\boldsymbol{x}^{\mathrm T}\left(\begin{bmatrix}1\\2\end{bmatrix}[1,2]+\begin{bmatrix}a\\1\end{bmatrix}[a,1]\right)\boldsymbol{x}\\&=\boldsymbol{x}^{\mathrm T}\left(\begin{bmatrix}1&2\\2&4\end{bmatrix}+\begin{bmatrix}a^2&a\\a&1\end{bmatrix}\right)\boldsymbol{x}\\&=\boldsymbol{x}^{\mathrm T}\begin{bmatrix}1+a^2&2+a\\2+a&5\end{bmatrix}\boldsymbol{x}.\end{aligned}$$

D_{23}（化归经典形式），按$f=\boldsymbol{x}^{\mathrm T}\square\boldsymbol{x}$的方向走

由题意知，f正定，故$1+a^2>0$，$\begin{vmatrix}1+a^2&2+a\\2+a&5\end{vmatrix}>0$，即$(2a-1)^2>0$，于是当且仅当$a\neq\frac{1}{2}$时，$f$正定.

二、配方法与正交变换法的异同
（O_2（盯住目标 2）+ D_{23}（化归经典形式））

1. 命题语言

（1）配方法.

二次型语言：将$f=\boldsymbol{x}^{\mathrm T}A\boldsymbol{x}$通过配方法化为标准形，并求出可逆变换矩阵$\boldsymbol{C}$. →$D_{22}$（转换等价表述）

矩阵语言：求可逆矩阵$\boldsymbol{C}$，使得$\boldsymbol{C}^{\mathrm T}A\boldsymbol{C}=\boldsymbol{\Lambda}$. ← 要掌握这两个等价的语言表达并能相互转化

【注】考研数学中的配方法指“拉格朗日配方法”，约定简称为配方法.

（2）正交变换法．

二次型语言：将 $f=x^{\mathrm{T}}Ax$ 通过正交变换法化为标准形，并求出正交矩阵 Q. →D_{22}（转换等价表述）

矩阵语言：求正交矩阵 Q，使得 $Q^{\mathrm{T}}AQ=\Lambda$．← 要掌握这两个等价的语言表达并能相互转化

2. 过程与结果的异同

两种方法一定要搞清楚，不要只会套公式

$f(x)=x^{\mathrm{T}}Ax=$（$A^{\mathrm{T}}=A$ 条件下）

①配方法（可逆线性变换）：$x=Cy$，C可逆．使得 $f\xlongequal{x=Cy}y^{\mathrm{T}}\Lambda y$，其中 $C^{\mathrm{T}}AC=\Lambda$（使A合同于对角矩阵）．

C不一定由A的特征向量拼成，Λ也不一定是由A的特征值拼成的

②正交变换法（可逆线性变换）：$x=Qy$（这里的Q不仅可逆，还满足$Q^{-1}=Q^{\mathrm{T}}$），使得 $f\xlongequal{x=Qy}y^{\mathrm{T}}\Lambda y$，其中 $Q^{\mathrm{T}}AQ=Q^{-1}AQ=\Lambda$．

二者区别：在配方法中，C只满足可逆，所以C^{-1}不一定等于C^{T}，但是在正交变换法中，变换手段Q满足$Q^{-1}=Q^{\mathrm{T}}$．

二者相同点：它们的正、负惯性指数是对应相等的．

形式化归体系块

例 9.3 已知矩阵 $A=\begin{bmatrix}4&1&-2\\1&1&1\\-2&1&a\end{bmatrix}$ 与 $B=\begin{bmatrix}k&0&0\\0&6&0\\0&0&0\end{bmatrix}$ 合同．

（1）求a的值及k的取值范围；

（2）若存在正交矩阵Q使得$Q^{\mathrm{T}}AQ=B$，求k及Q． →D_{22}（转换等价表述），准确写出定义

【解】（1）由已知，存在可逆矩阵P使得$P^{\mathrm{T}}BP=A$，又$|B|=0$，故$|A|=3a-12=0$，解得$a=4$．

A对应的二次型为

$$\begin{aligned}f(x_1,x_2,x_3)&=4x_1^2+x_2^2+4x_3^2+2x_1x_2-4x_1x_3+2x_2x_3\\&=\left(2x_1+\frac{1}{2}x_2-x_3\right)^2+\frac{3}{4}(x_2+2x_3)^2,\end{aligned}$$

故经可逆线性变换 $\begin{cases}y_1=2x_1+\dfrac{1}{2}x_2-x_3,\\y_2=x_2+2x_3,\\y_3=x_3,\end{cases}$ 得 $f=y_1^2+\dfrac{3}{4}y_2^2$．

故 f 的正惯性指数为 2. 因为A与B合同，所以B对应二次型的正惯性指数为 2. 因此，k的取值范围是$(0,+\infty)$．

（2）因为

$$|\lambda E-A|=\begin{vmatrix}\lambda-4&-1&2\\-1&\lambda-1&-1\\2&-1&\lambda-4\end{vmatrix}=\lambda(\lambda-3)(\lambda-6),$$

所以$\boldsymbol{A}$的特征值为$\lambda_1=3$，$\lambda_2=6$，$\lambda_3=0$．

→D_{22}（转换等价表述），由$\boldsymbol{Q}^{\mathrm{T}}=\boldsymbol{Q}^{-1}$，得相似的定义

因为存在正交矩阵$\boldsymbol{Q}$使得$\boldsymbol{Q}^{\mathrm{T}}\boldsymbol{A}\boldsymbol{Q}=\boldsymbol{B}$，所以$\boldsymbol{A}$与$\boldsymbol{B}$相似，它们有相同的特征值，于是$k=3$．

当$\lambda_1=3$时，解方程组$(3\boldsymbol{E}-\boldsymbol{A})\boldsymbol{x}=\boldsymbol{0}$，得单位特征向量$\boldsymbol{\eta}_1=\dfrac{1}{\sqrt{3}}[1,1,1]^{\mathrm{T}}$；

当$\lambda_2=6$时，解方程组$(6\boldsymbol{E}-\boldsymbol{A})\boldsymbol{x}=\boldsymbol{0}$，得单位特征向量$\boldsymbol{\eta}_2=\dfrac{1}{\sqrt{2}}[-1,0,1]^{\mathrm{T}}$；

当$\lambda_3=0$时，解方程组$(0\boldsymbol{E}-\boldsymbol{A})\boldsymbol{x}=\boldsymbol{0}$，得单位特征向量$\boldsymbol{\eta}_3=\dfrac{1}{\sqrt{6}}[1,-2,1]^{\mathrm{T}}$．

令
$$\boldsymbol{Q}=[\boldsymbol{\eta}_1,\boldsymbol{\eta}_2,\boldsymbol{\eta}_3]=\begin{bmatrix}\frac{1}{\sqrt{3}} & -\frac{1}{\sqrt{2}} & \frac{1}{\sqrt{6}}\\ \frac{1}{\sqrt{3}} & 0 & -\frac{2}{\sqrt{6}}\\ \frac{1}{\sqrt{3}} & \frac{1}{\sqrt{2}} & \frac{1}{\sqrt{6}}\end{bmatrix},$$

则$\boldsymbol{Q}$是正交矩阵，且$\boldsymbol{Q}^{\mathrm{T}}\boldsymbol{A}\boldsymbol{Q}=\begin{bmatrix}3&0&0\\0&6&0\\0&0&0\end{bmatrix}=\boldsymbol{B}$．

3. 惯性指数

例 9.4 $f(x_1,x_2,x_3)=-2x_1x_2-2x_1x_3+6x_2x_3$的正惯性指数为（　　）．

（A）3　　（B）2　　（C）1　　（D）0

【解】应选（C）．

令$\begin{cases}x_1=y_1+y_2,\\x_2=y_1-y_2,\\x_3=y_3,\end{cases}$则

→D_{23}（化归经典形式），没有平方项，创造平方项

$$\begin{aligned}f&=-2y_1^2+2y_2^2+4y_1y_3-8y_2y_3\\&=-2(y_1-y_3)^2+2(y_2-2y_3)^2-6y_3^2,\end{aligned}$$

再令$\begin{cases}z_1=y_1-y_3,\\z_2=y_2-2y_3,\\z_3=y_3,\end{cases}$则

$$f=-2z_1^2+2z_2^2-6z_3^2,$$

故f的正惯性指数为1.

例 9.5 （**仅数学一**）$f(x_1,x_2,x_3)=x_1x_2+x_1x_3-3x_2x_3=1$表示（　　）．

（A）椭球面　　（B）双曲柱面

（C）双叶双曲面　　（D）单叶双曲面

【解】应选(D).

法一 令$\begin{cases} y_1 = x_2 + x_3, \\ y_2 = x_2 - x_3, \\ y_3 = x_1, \end{cases}$则

$$
\begin{aligned}
f(x_1, x_2, x_3) &= y_3 y_1 - 3\frac{y_1+y_2}{2} \times \frac{y_1-y_2}{2} \\
&= -\frac{3}{4}(y_1^2 - y_2^2) + y_1 y_3 \\
&= \frac{3}{4}y_2^2 - \frac{3}{4}\left(y_1^2 - \frac{4}{3}y_1 y_3\right) \\
&= \frac{3}{4}y_2^2 - \frac{3}{4}\left(y_1 - \frac{2}{3}y_3\right)^2 + \frac{1}{3}y_3^2 = 1,
\end{aligned}
$$

令$\begin{cases} z_1 = \dfrac{\sqrt{3}}{2}y_2, \\ z_2 = \dfrac{1}{\sqrt{3}}y_3, \\ z_3 = \dfrac{\sqrt{3}}{2}\left(y_1 - \dfrac{2}{3}y_3\right), \end{cases}$ 则$f(x_1, x_2, x_3) = z_1^2 + z_2^2 - z_3^2 = 1$,且作的两次变换均为可逆线性变换.

故$f(x_1, x_2, x_3) = x_1x_2 + x_1x_3 - 3x_2x_3 = 1$表示的是单叶双曲面.

法二 二次型$f(x_1, x_2, x_3) = x_1x_2 + x_1x_3 - 3x_2x_3$ 的矩阵

$$
\boldsymbol{A} = \begin{bmatrix} 0 & \frac{1}{2} & \frac{1}{2} \\ \frac{1}{2} & 0 & -\frac{3}{2} \\ \frac{1}{2} & -\frac{3}{2} & 0 \end{bmatrix},
$$

由

$$
|\lambda \boldsymbol{E} - \boldsymbol{A}| = \begin{vmatrix} \lambda & -\frac{1}{2} & -\frac{1}{2} \\ -\frac{1}{2} & \lambda & \frac{3}{2} \\ -\frac{1}{2} & \frac{3}{2} & \lambda \end{vmatrix} = 0,
$$

得$\boldsymbol{A}$的特征值为$\lambda_1 = \frac{3}{2}, \lambda_2 = \frac{-3+\sqrt{17}}{4}, \lambda_3 = \frac{-3-\sqrt{17}}{4}$, 即$\lambda_1 > 0, \lambda_2 > 0, \lambda_3 < 0$, 故$f(x_1, x_2, x_3) = \frac{3}{2}y_1^2 + \frac{-3+\sqrt{17}}{4}y_2^2 + \frac{-3-\sqrt{17}}{4}y_3^2 = 1$表示的是单叶双曲面.

三、伪配方法（O_3（盯住目标3）$+D_{23}$（化归经典形式））

形式化归体系块

“平方和式$A^2+B^2+C^2$”未必就是（拉格朗日）配方法得来的结果，故若非拉格朗日配方法，则称伪配方法．要注意伪配方法的变换矩阵是否有可逆性．

①如果变换没有可逆性，则有可能改变表达式的几何性质，如封闭性，此时不能得出平方和式正定；

②如果变换是可逆的，则平方和式正定．

例 9.6 设二次型$f(x_1,x_2,x_3)=(x_1+x_2)^2+(x_2+x_3)^2+(ax_3+x_1)^2$正定，则$a$的取值范围是________．

【解】应填$a\neq -1$．

由于$f(x_1,x_2,x_3)\geqslant 0$，且$f(x_1,x_2,x_3)=0\Leftrightarrow\begin{cases}x_1+x_2=0,\\x_2+x_3=0,\\ax_3+x_1=0,\end{cases}$则方程组的系数行列式为

$$\begin{vmatrix}1&1&0\\0&1&1\\1&0&a\end{vmatrix}=\begin{vmatrix}1&1&0\\0&1&1\\0&-1&a\end{vmatrix}=a+1.$$

（−1）倍加至

①当$a+1\neq 0$时，$f(x_1,x_2,x_3)=0\Leftrightarrow x_1=x_2=x_3=0$，故当$a\neq -1$时，$f(x_1,x_2,x_3)$正定．（$f>0\Leftrightarrow\begin{bmatrix}x_1\\x_2\\x_3\end{bmatrix}\neq\mathbf{0}$）

②当$a=-1$时，存在$\begin{bmatrix}x_1\\x_2\\x_3\end{bmatrix}\neq\mathbf{0}$，使得$f$等于0（与$f$正定的定义相悖）．

当$a=-1$时，

$f=(x_1+x_2)^2+(x_2+x_3)^2+(x_1-x_3)^2$.

令$\begin{cases}x_1+x_2=y_1,\\x_2+x_3=y_2,\\x_1-x_3=y_3,\end{cases}$即

$$\begin{bmatrix}1&1&0\\0&1&1\\1&0&-1\end{bmatrix}\begin{bmatrix}x_1\\x_2\\x_3\end{bmatrix}=\begin{bmatrix}y_1\\y_2\\y_3\end{bmatrix}.$$

因为其行列式为0，所以此矩阵不可逆，故此变换为不可逆线性变换，会改变原图形的性质，也即原图形为非封闭的图形，但是通过这种不可逆的线性变换图形变成封闭的了，也是把整个问题的性质改变了

【注】对于$f(x_1,x_2,x_3)=(a_1x_1+a_2x_2+a_3x_3)^2+(b_1x_1+b_2x_2+b_3x_3)^2+(c_1x_1+c_2x_2+c_3x_3)^2$的情形，可总结如下做题方法：

令$f=0$，即$\begin{cases}a_1x_1+a_2x_2+a_3x_3=0,\\b_1x_1+b_2x_2+b_3x_3=0,\\c_1x_1+c_2x_2+c_3x_3=0,\end{cases}$计算$|\boldsymbol{A}|=\begin{vmatrix}a_1&a_2&a_3\\b_1&b_2&b_3\\c_1&c_2&c_3\end{vmatrix}$，若$|\boldsymbol{A}|\neq 0$，则$f$正定；若$|\boldsymbol{A}|=0$，则$f$不正定．

四、正交变换法的传递性（O_4（盯住目标4）$+D_1$（常规操作）$+D_{23}$（化归经典形式））

若$\boldsymbol{A}$相似于$\boldsymbol{B}$，$\boldsymbol{B}$相似于$\boldsymbol{C}$，则$\boldsymbol{A}$相似于$\boldsymbol{C}$. 这里$\boldsymbol{B}$常为$\boldsymbol{\Lambda}$．

例 9.7 二次型$f(x_1,x_2,x_3)=x_1^2-x_2x_3$经正交变换$\boldsymbol{x}=\boldsymbol{Q}\boldsymbol{y}$化为二次型

$$g(y_1,y_2,y_3)=y_1y_2+ay_3^2.$$

（1）求a的值；

（2）求正交矩阵$\boldsymbol{Q}$.

【解】（1）二次型$f(x_1,x_2,x_3)$与$g(y_1,y_2,y_3)$的矩阵分别为

$$\boldsymbol{A}=\begin{bmatrix}1&0&0\\0&0&-\frac{1}{2}\\0&-\frac{1}{2}&0\end{bmatrix},\ \boldsymbol{B}=\begin{bmatrix}0&\frac{1}{2}&0\\\frac{1}{2}&0&0\\0&0&a\end{bmatrix},$$

且$\boldsymbol{Q}^{\mathrm{T}}\boldsymbol{AQ}=\boldsymbol{B}$. 因为$\boldsymbol{Q}$为正交矩阵，所以矩阵$\boldsymbol{A}$与$\boldsymbol{B}$相似，故$\mathrm{tr}(\boldsymbol{A})=\mathrm{tr}(\boldsymbol{B})$，从而$a=1$.

（2）由于$|\lambda\boldsymbol{E}-\boldsymbol{A}|=(\lambda-1)\left(\lambda-\frac{1}{2}\right)\left(\lambda+\frac{1}{2}\right)$，因此矩阵$\boldsymbol{A}$与$\boldsymbol{B}$的特征值均为1，$\frac{1}{2}$，$-\frac{1}{2}$，易求得矩阵$\boldsymbol{A}$对应于特征值1，$\frac{1}{2}$，$-\frac{1}{2}$的特征向量依次为$\begin{bmatrix}1\\0\\0\end{bmatrix}$，$\begin{bmatrix}0\\-1\\1\end{bmatrix}$，$\begin{bmatrix}0\\1\\1\end{bmatrix}$. 又因为实对称矩阵属于不同特征值的特征向量相互正交，故单位化即可，依次为$\begin{bmatrix}1\\0\\0\end{bmatrix}$，$\begin{bmatrix}0\\-\frac{1}{\sqrt{2}}\\\frac{1}{\sqrt{2}}\end{bmatrix}$，$\begin{bmatrix}0\\\frac{1}{\sqrt{2}}\\\frac{1}{\sqrt{2}}\end{bmatrix}$.

令$\boldsymbol{Q}_1=\begin{bmatrix}1&0&0\\0&-\frac{1}{\sqrt{2}}&\frac{1}{\sqrt{2}}\\0&\frac{1}{\sqrt{2}}&\frac{1}{\sqrt{2}}\end{bmatrix}$，则$\boldsymbol{Q}_1$为正交矩阵，且$\boldsymbol{Q}_1^{\mathrm{T}}\boldsymbol{AQ}_1=\begin{bmatrix}1&0&0\\0&\frac{1}{2}&0\\0&0&-\frac{1}{2}\end{bmatrix}$.

同理，可求得矩阵$\boldsymbol{B}$对应于特征值1，$\frac{1}{2}$，$-\frac{1}{2}$的单位特征向量依次为$\begin{bmatrix}0\\0\\1\end{bmatrix}$，$\begin{bmatrix}\frac{1}{\sqrt{2}}\\\frac{1}{\sqrt{2}}\\0\end{bmatrix}$，$\begin{bmatrix}-\frac{1}{\sqrt{2}}\\\frac{1}{\sqrt{2}}\\0\end{bmatrix}$.

令$\boldsymbol{Q}_2=\begin{bmatrix}0&\frac{1}{\sqrt{2}}&-\frac{1}{\sqrt{2}}\\0&\frac{1}{\sqrt{2}}&\frac{1}{\sqrt{2}}\\1&0&0\end{bmatrix}$，则$\boldsymbol{Q}_2$为正交矩阵，且

$$Q_2^{\mathrm{T}}BQ_2=\begin{bmatrix}1&0&0\\0&\frac{1}{2}&0\\0&0&-\frac{1}{2}\end{bmatrix}.$$

D_{23}（化归经典形式）

由于$Q_1^{\mathrm{T}}AQ_1=Q_2^{\mathrm{T}}BQ_2$，因此$Q_2Q_1^{\mathrm{T}}AQ_1Q_2^{\mathrm{T}}=B$，从而$Q=Q_1Q_2^{\mathrm{T}}=\begin{bmatrix}0&0&1\\-1&0&0\\0&1&0\end{bmatrix}$为所求正交矩阵.

五、合同的判定与手段

（O_5（盯住目标5）+D_1（常规操作）+D_{23}（化归经典形式））

1. 同阶实对称矩阵A, B合同的判定

用正、负惯性指数：A, B合同$\Leftrightarrow p_A=p_B$, $q_A=q_B$（相同的正、负惯性指数）.

2. 已知A，Λ（Λ是对角矩阵），求可逆矩阵C，使得$C^{\mathrm{T}}AC=\Lambda$

例 9.8 已知$A=\begin{bmatrix}3&2&1\\2&2&1\\1&1&1\end{bmatrix}$，$\Lambda=\begin{bmatrix}2&0&0\\0&3&0\\0&0&1\end{bmatrix}$，求可逆矩阵$C$，使得$C^{\mathrm{T}}AC=\Lambda$.

【解】①配方.

$$\begin{aligned}f=x^{\mathrm{T}}Ax&=3x_1^2+2x_2^2+x_3^2+4x_1x_2+2x_1x_3+2x_2x_3\\&=(x_1^2+2x_1x_2+x_2^2+2x_1x_3+2x_2x_3+x_3^2)+(x_1^2+2x_1x_2+x_2^2)+x_1^2\\&=x_1^2+(x_1+x_2)^2+(x_1+x_2+x_3)^2\\&=2\cdot\left(\frac{x_1}{\sqrt{2}}\right)^2+3\cdot\left(\frac{x_1+x_2}{\sqrt{3}}\right)^2+1\cdot(x_1+x_2+x_3)^2.\end{aligned}$$

配方时，不一定要先配x_1，x_2，再配x_3，看哪个最容易配，就先配哪个

盯着Λ的对角线元素，平方项分别提出2，3，1

②换元.

令$\begin{cases}y_1=\dfrac{x_1}{\sqrt{2}},\\y_2=\dfrac{x_1+x_2}{\sqrt{3}},\\y_3=x_1+x_2+x_3,\end{cases}$ 于是有$\begin{bmatrix}y_1\\y_2\\y_3\end{bmatrix}=\begin{bmatrix}\frac{1}{\sqrt{2}}&0&0\\\frac{1}{\sqrt{3}}&\frac{1}{\sqrt{3}}&0\\1&1&1\end{bmatrix}\begin{bmatrix}x_1\\x_2\\x_3\end{bmatrix}$.

③求逆.

记$x=Cy$，其中$C=\begin{bmatrix}\frac{1}{\sqrt{2}}&0&0\\\frac{1}{\sqrt{3}}&\frac{1}{\sqrt{3}}&0\\1&1&1\end{bmatrix}^{-1}=\begin{bmatrix}\sqrt{2}&0&0\\-\sqrt{2}&\sqrt{3}&0\\0&-\sqrt{3}&1\end{bmatrix}$，则$f=x^{\mathrm{T}}Ax=(Cy)^{\mathrm{T}}A(Cy)=y^{\mathrm{T}}C^{\mathrm{T}}ACy=y^{\mathrm{T}}\Lambda y$,

即矩阵$\boldsymbol{C}$可使$\boldsymbol{C}^{\mathrm{T}}\boldsymbol{A}\boldsymbol{C}=\boldsymbol{\Lambda}$.

3. 已知$\boldsymbol{A}$，$\boldsymbol{B}$（$\boldsymbol{B}$不是对角矩阵），求可逆矩阵$\boldsymbol{C}$，使得$\boldsymbol{C}^{\mathrm{T}}\boldsymbol{A}\boldsymbol{C}=\boldsymbol{B}$

变换手段

例 9.9 已知实矩阵$\boldsymbol{A}=\begin{bmatrix}2&2\\2&1\end{bmatrix}$，$\boldsymbol{B}=\begin{bmatrix}4&3\\3&1\end{bmatrix}$，且$\boldsymbol{A}$与$\boldsymbol{B}$合同．求可逆矩阵$\boldsymbol{D}$，使得$\boldsymbol{A}=\boldsymbol{D}^{\mathrm{T}}\boldsymbol{B}\boldsymbol{D}$.

【解】①对f配方、换元，写$\boldsymbol{D}_1$.

对于
$$f(x_1,x_2)=\boldsymbol{x}^{\mathrm{T}}\boldsymbol{A}\boldsymbol{x}=2(x_1+x_2)^2-x_2^2,$$

令$\begin{cases}z_1=x_1+x_2,\\z_2=x_2,\end{cases}$即$\begin{bmatrix}z_1\\z_2\end{bmatrix}=\begin{bmatrix}1&1\\0&1\end{bmatrix}\begin{bmatrix}x_1\\x_2\end{bmatrix}=\boldsymbol{D}_1\begin{bmatrix}x_1\\x_2\end{bmatrix}$，则$f(x_1,x_2)=2z_1^2-z_2^2$.

②对g配方、换元，写$\boldsymbol{D}_2$.

对于
$$g(y_1,y_2)=\boldsymbol{y}^{\mathrm{T}}\boldsymbol{B}\boldsymbol{y}=4\left(y_1+\frac{3}{4}y_2\right)^2-\frac{5}{4}y_2^2,$$

令$\begin{cases}z_1=\sqrt{2}y_1+\dfrac{3\sqrt{2}}{4}y_2,\\z_2=\dfrac{\sqrt{5}}{2}y_2,\end{cases}$即$\begin{bmatrix}z_1\\z_2\end{bmatrix}=\begin{bmatrix}\sqrt{2}&\dfrac{3\sqrt{2}}{4}\\0&\dfrac{\sqrt{5}}{2}\end{bmatrix}\begin{bmatrix}y_1\\y_2\end{bmatrix}=\boldsymbol{D}_2\begin{bmatrix}y_1\\y_2\end{bmatrix}$，则$g(y_1,y_2)=2z_1^2-z_2^2$.

③令$\boldsymbol{D}_1\boldsymbol{x}=\boldsymbol{D}_2\boldsymbol{y}$，求$\boldsymbol{D}_2^{-1}\boldsymbol{D}_1$.

于是有$\boldsymbol{D}_1\begin{bmatrix}x_1\\x_2\end{bmatrix}=\boldsymbol{D}_2\begin{bmatrix}y_1\\y_2\end{bmatrix}$，故$\begin{bmatrix}y_1\\y_2\end{bmatrix}=\boldsymbol{D}_2^{-1}\boldsymbol{D}_1\begin{bmatrix}x_1\\x_2\end{bmatrix}=\boldsymbol{D}\begin{bmatrix}x_1\\x_2\end{bmatrix}$，即

$$\boldsymbol{D}=\begin{bmatrix}\sqrt{2}&\dfrac{3\sqrt{2}}{4}\\0&\dfrac{\sqrt{5}}{2}\end{bmatrix}^{-1}\begin{bmatrix}1&1\\0&1\end{bmatrix}=\begin{bmatrix}\dfrac{1}{\sqrt{2}}&-\dfrac{3\sqrt{5}}{10}\\0&\dfrac{2}{\sqrt{5}}\end{bmatrix}\begin{bmatrix}1&1\\0&1\end{bmatrix}=\begin{bmatrix}\dfrac{1}{\sqrt{2}}&\dfrac{1}{\sqrt{2}}-\dfrac{3\sqrt{5}}{10}\\0&\dfrac{2}{\sqrt{5}}\end{bmatrix},$$

则$\boldsymbol{A}=\boldsymbol{D}^{\mathrm{T}}\boldsymbol{B}\boldsymbol{D}$.

【注】此处得到$\boldsymbol{C}^{\mathrm{T}}\boldsymbol{A}\boldsymbol{C}=\boldsymbol{B}$，即$\boldsymbol{A}$与$\boldsymbol{B}$合同，$\boldsymbol{C}$可逆，但$\boldsymbol{A}$与$\boldsymbol{B}$未必相似，故不一定存在正交矩阵$\boldsymbol{Q}$，使得$\boldsymbol{Q}^{\mathrm{T}}\boldsymbol{A}\boldsymbol{Q}=\boldsymbol{B}$，例 9.11 会再次研究这个问题．

六、合同与相似的异同

（O_6（盯住目标 6）+D_1（常规操作）+D_{23}（化归经典形式））

对于实对称矩阵 $\boldsymbol{A}$ 与 $\boldsymbol{B}$，相似必合同，反之不成立．

例 9.10 设矩阵$A=\begin{bmatrix}2&-1&-1\\-1&2&-1\\-1&-1&2\end{bmatrix}$，$B=\begin{bmatrix}1&0&0\\0&1&0\\0&0&0\end{bmatrix}$，则$A$与$B$（　　）.

（A）合同且相似　　（B）合同，但不相似

（C）不合同，但相似　　（D）既不合同，也不相似

【解】应选（B）.

因为
$$|\lambda E-A|=\begin{vmatrix}\lambda-2&1&1\\1&\lambda-2&1\\1&1&\lambda-2\end{vmatrix}=\lambda(\lambda-3)^2,$$
所以矩阵A的特征值为3，3，0，由此可知矩阵A与B不相似，从而选项（A）和（C）错误.又因为实对称矩阵A相似且合同于对角矩阵
$$C=\begin{bmatrix}3&0&0\\0&3&0\\0&0&0\end{bmatrix},$$
而矩阵C显然合同于矩阵B，根据合同关系的传递性知矩阵A合同于B，即选项（B）正确.

例 9.11 已知二次型
$$f(x_1,x_2,x_3)=x_1^2+2x_2^2+2x_3^2+2x_1x_2-2x_1x_3,$$
$$g(y_1,y_2,y_3)=y_1^2+y_2^2+y_3^2+2y_2y_3.$$

（1）求可逆变换$x=Py$，将$f(x_1,x_2,x_3)$化成$g(y_1,y_2,y_3)$.

（2）是否存在正交变换$x=Qy$，将$f(x_1,x_2,x_3)$化成$g(y_1,y_2,y_3)$?

【解】（1）由于
$$f(x_1,x_2,x_3)=x_1^2+2x_2^2+2x_3^2+2x_1x_2-2x_1x_3=(x_1+x_2-x_3)^2+(x_2+x_3)^2,$$
于是作可逆线性变换
$$\begin{bmatrix}z_1\\z_2\\z_3\end{bmatrix}=\begin{bmatrix}1&1&-1\\0&1&1\\0&0&1\end{bmatrix}\begin{bmatrix}x_1\\x_2\\x_3\end{bmatrix},$$
得$f(x_1,x_2,x_3)=z_1^2+z_2^2$.

由于$g(y_1,y_2,y_3)=y_1^2+y_2^2+y_3^2+2y_2y_3=y_1^2+(y_2+y_3)^2$，于是作可逆线性变换
$$\begin{bmatrix}z_1\\z_2\\z_3\end{bmatrix}=\begin{bmatrix}1&0&0\\0&1&1\\0&0&1\end{bmatrix}\begin{bmatrix}y_1\\y_2\\y_3\end{bmatrix},$$
得$g(y_1,y_2,y_2)=z_1^2+z_2^2$.

令

$$\boldsymbol{P}=\begin{bmatrix}1&1&-1\\0&1&1\\0&0&1\end{bmatrix}^{-1}\begin{bmatrix}1&0&0\\0&1&1\\0&0&1\end{bmatrix}=\begin{bmatrix}1&-1&1\\0&1&0\\0&0&1\end{bmatrix},$$

则在可逆变换$\boldsymbol{x}=\boldsymbol{P}\boldsymbol{y}$下，

$$f(x_1,x_2,x_3)=g(y_1,y_2,y_3).$$

（2）二次型$f(x_1,x_2,x_3)$与$g(y_1,y_2,y_3)$对应的矩阵分别为

$$\boldsymbol{A}=\begin{bmatrix}1&1&-1\\1&2&0\\-1&0&2\end{bmatrix},\ \boldsymbol{B}=\begin{bmatrix}1&0&0\\0&1&1\\0&1&1\end{bmatrix}.$$

由于$\operatorname{tr}(\boldsymbol{A})\neq\operatorname{tr}(\boldsymbol{B})$，因此矩阵$\boldsymbol{A}$与$\boldsymbol{B}$不相似，故不存在正交变换$\boldsymbol{x}=\boldsymbol{Q}\boldsymbol{y}$，将$f(x_1,x_2,x_3)$化成$g(y_1,y_2,y_3)$.

【注】以上两题，就是从命题手法上改变了同一知识点的难度，命制成例 9.10 这样的选择题，题干要求明确、直白，考生一般答得很好，但命制成例 9.11 这样的解答题，第（1）问是给出“f与g合同”的等价说法；第（2）问是给出“f与g所对应的二次型矩阵$\boldsymbol{A}$与$\boldsymbol{B}$不相似”的等价说法，且问题呈开放性，给考生答题带来了不小的难度.

七、正定的判定与应用

（O_7（盯住目标 7）+D_1（常规操作）+D_{23}（化归经典形式））

1. 前提

$\boldsymbol{A}=\boldsymbol{A}^{\mathrm{T}}$（$\boldsymbol{A}$是实对称矩阵）.

2. 二次型$f=\boldsymbol{x}^{\mathrm{T}}\boldsymbol{A}\boldsymbol{x}$正定的$\overset{\to D_2\text{（脱胎换骨）}}{\text{充要条件}}$

$$\left.\begin{array}{l}
n\text{元二次型}f=\boldsymbol{x}^{\mathrm{T}}\boldsymbol{A}\boldsymbol{x}\text{正定}\\
\Leftrightarrow\text{对任意的}\boldsymbol{x}\neq\boldsymbol{0}\text{，有}\boldsymbol{x}^{\mathrm{T}}\boldsymbol{A}\boldsymbol{x}>0\text{（定义）}\\
\Leftrightarrow\boldsymbol{A}\text{的特征值}\lambda_i>0\,(i=1,2,\cdots,n)\\
\Leftrightarrow f\text{的正惯性指数}p=n\\
\Leftrightarrow\text{存在可逆矩阵}\boldsymbol{D}\text{，使得}\boldsymbol{A}=\boldsymbol{D}^{\mathrm{T}}\boldsymbol{D}\ \leftarrow\text{尤其注意}\\
\Leftrightarrow\boldsymbol{A}\text{与}\boldsymbol{E}\text{合同}\\
\Leftrightarrow\boldsymbol{A}\text{的各阶顺序主子式均大于}0.
\end{array}\right\}\text{等价表述体系块}$$

3. 二次型$f = x^{T}Ax$正定的必要条件

①$a_{ii} > 0(i = 1, 2, \cdots, n)$.

②$|A| > 0$.

4. 重要结论

①若A正定，则A^{-1}, A^{*}, A^{m}(m为正整数), $kA(k>0)$, $C^{T}AC$(C可逆)均正定.

②若A,B正定，则$A+B$正定，$\begin{bmatrix} A & O \\ O & B \end{bmatrix}$正定.

③若A,B正定，则AB正定的充要条件是$AB=BA$.

隐含条件体系块

例 9.12 设矩阵$A=\begin{bmatrix} 1 & 2 \\ -2 & -a \end{bmatrix}$, $B=\begin{bmatrix} 1 & 0 \\ 1 & a \end{bmatrix}$，若$f(x,y)=|xA+yB|$是正定二次型，则$a$的取值范围是（　　）.

D_1（常规操作），表达式“新”并不意味着内容“新”，算一下看看便知

（A）$(0, 2-\sqrt{3})$　　（B）$(2-\sqrt{3}, 2+\sqrt{3})$

（C）$(2+\sqrt{3}, 4)$　　（D）$(0,4)$

【解】 应选（B）.

$$xA+yB=\begin{bmatrix} x & 2x \\ -2x & -ax \end{bmatrix}+\begin{bmatrix} y & 0 \\ y & ay \end{bmatrix}=\begin{bmatrix} x+y & 2x \\ -2x+y & -ax+ay \end{bmatrix},$$

$$f(x,y)=|xA+yB|=\begin{vmatrix} x+y & 2x \\ -2x+y & -ax+ay \end{vmatrix}=-a(x+y)(x-y)-2x(-2x+y)$$

$$=(4-a)x^2-2xy+ay^2,$$

二次型的矩阵为$\begin{bmatrix} 4-a & -1 \\ -1 & a \end{bmatrix}$，若$f(x,y)=|xA+yB|$是正定二次型，则

$$4-a>0, \begin{vmatrix} 4-a & -1 \\ -1 & a \end{vmatrix}=4a-a^2-1>0,$$

解得$2-\sqrt{3}<a<2+\sqrt{3}$. 选（B）.

例 9.13 若可逆矩阵D满足$D^{T}D=\begin{bmatrix} 1 & -1 & 1 \\ -1 & 2 & -3 \\ 1 & -3 & 6 \end{bmatrix}$，则$D=$________.

已知$D^{T}D$（格拉姆矩阵），求D

【解】 应填$\begin{bmatrix} 1 & -1 & 1 \\ 0 & 1 & -2 \\ 0 & 0 & 1 \end{bmatrix}$.

法一 记$\begin{bmatrix}1&-1&1\\-1&2&-3\\1&-3&6\end{bmatrix}=\boldsymbol{A}$，则其对应的二次型为

$$\begin{aligned}f(x_1,x_2,x_3)&=\boldsymbol{x}^{\mathrm{T}}\boldsymbol{A}\boldsymbol{x}=x_1^2+2x_2^2+6x_3^2-2x_1x_2+2x_1x_3-6x_2x_3\\&=(x_1-x_2+x_3)^2+(x_2-2x_3)^2+x_3^2\\&=[x_1-x_2+x_3,x_2-2x_3,x_3]\begin{bmatrix}x_1-x_2+x_3\\x_2-2x_3\\x_3\end{bmatrix}\\&=[x_1,x_2,x_3]\begin{bmatrix}1&0&0\\-1&1&0\\1&-2&1\end{bmatrix}\begin{bmatrix}1&-1&1\\0&1&-2\\0&0&1\end{bmatrix}\begin{bmatrix}x_1\\x_2\\x_3\end{bmatrix}\\&\xlongequal{\text{记}}[x_1,x_2,x_3]\boldsymbol{D}^{\mathrm{T}}\boldsymbol{D}\begin{bmatrix}x_1\\x_2\\x_3\end{bmatrix},\end{aligned}$$

其中$\boldsymbol{A}=\boldsymbol{D}^{\mathrm{T}}\boldsymbol{D}$，$\boldsymbol{D}=\begin{bmatrix}1&-1&1\\0&1&-2\\0&0&1\end{bmatrix}$.

法二 在法一中，$f(x_1,x_2,x_3)=\boldsymbol{x}^{\mathrm{T}}\boldsymbol{A}\boldsymbol{x}=(x_1-x_2+x_3)^2+(x_2-2x_3)^2+x_3^2$，令$\begin{cases}x_1-x_2+x_3=y_1,\\x_2-2x_3=y_2,\\x_3=y_3,\end{cases}$则

$f(x_1,x_2,x_3)=y_1^2+y_2^2+y_3^2$，也即作可逆线性变换$\boldsymbol{x}=\boldsymbol{C}\boldsymbol{y}$，其中$\begin{bmatrix}1&-1&1\\0&1&-2\\0&0&1\end{bmatrix}\begin{bmatrix}x_1\\x_2\\x_3\end{bmatrix}=\begin{bmatrix}y_1\\y_2\\y_3\end{bmatrix}$，得$\boldsymbol{C}=\begin{bmatrix}1&-1&1\\0&1&-2\\0&0&1\end{bmatrix}^{-1}$.

因此

$$f=\boldsymbol{x}^{\mathrm{T}}\boldsymbol{A}\boldsymbol{x}=\boldsymbol{y}^{\mathrm{T}}\boldsymbol{C}^{\mathrm{T}}\boldsymbol{A}\boldsymbol{C}\boldsymbol{y}=\boldsymbol{y}^{\mathrm{T}}\boldsymbol{E}\boldsymbol{y},$$

故$\boldsymbol{C}^{\mathrm{T}}\boldsymbol{A}\boldsymbol{C}=\boldsymbol{E}$，则$\boldsymbol{A}=(\boldsymbol{C}^{-1})^{\mathrm{T}}\boldsymbol{C}^{-1}=\boldsymbol{D}^{\mathrm{T}}\boldsymbol{D}$，故$\boldsymbol{D}=\boldsymbol{C}^{-1}=\begin{bmatrix}1&-1&1\\0&1&-2\\0&0&1\end{bmatrix}$.

【注】所求的矩阵$\boldsymbol{D}$不唯一.

例 9.14 设矩阵$\boldsymbol{A}=\begin{bmatrix}a&1&-1\\1&a&-1\\-1&-1&a\end{bmatrix}$.

（1）求正交矩阵$\boldsymbol{P}$，使$\boldsymbol{P}^{\mathrm{T}}\boldsymbol{A}\boldsymbol{P}$为对角矩阵；

（2）求正定矩阵$\boldsymbol{C}$，使$\boldsymbol{C}^2=(a+3)\boldsymbol{E}-\boldsymbol{A}$，其中$\boldsymbol{E}$为3阶单位矩阵.

【解】（1）因为$|\lambda E-A|=\begin{vmatrix}\lambda-a & -1 & 1\\ -1 & \lambda-a & 1\\ 1 & 1 & \lambda-a\end{vmatrix}=(\lambda-a+1)^2(\lambda-a-2)$，所以$A$的特征值为$\lambda_1=\lambda_2=a-1,\lambda_3=a+2$.

当$\lambda_1=\lambda_2=a-1$时，解方程组$[(a-1)E-A]x=\mathbf{0}$，得A的线性无关的特征向量$\boldsymbol{\xi}_1=\begin{bmatrix}-1\\1\\0\end{bmatrix},\boldsymbol{\xi}_2=\begin{bmatrix}1\\0\\1\end{bmatrix}$，进行施密特正交单位化得$\boldsymbol{\eta}_1=\begin{bmatrix}-\frac{\sqrt{2}}{2}\\ \frac{\sqrt{2}}{2}\\ 0\end{bmatrix},\boldsymbol{\eta}_2=\begin{bmatrix}\frac{\sqrt{6}}{6}\\ \frac{\sqrt{6}}{6}\\ \frac{\sqrt{6}}{3}\end{bmatrix}$.

当$\lambda_3=a+2$时，解方程组$[(a+2)E-A]x=\mathbf{0}$，得A的特征向量$\boldsymbol{\xi}_3=\begin{bmatrix}-1\\-1\\1\end{bmatrix}$，单位化得$\boldsymbol{\eta}_3=\begin{bmatrix}-\frac{\sqrt{3}}{3}\\ -\frac{\sqrt{3}}{3}\\ \frac{\sqrt{3}}{3}\end{bmatrix}$.

令$P=[\boldsymbol{\eta}_1,\boldsymbol{\eta}_2,\boldsymbol{\eta}_3]=\begin{bmatrix}-\frac{\sqrt{2}}{2} & \frac{\sqrt{6}}{6} & -\frac{\sqrt{3}}{3}\\ \frac{\sqrt{2}}{2} & \frac{\sqrt{6}}{6} & -\frac{\sqrt{3}}{3}\\ 0 & \frac{\sqrt{6}}{3} & \frac{\sqrt{3}}{3}\end{bmatrix}$，则

$$P^{\mathrm{T}}AP=\begin{bmatrix}a-1 & 0 & 0\\ 0 & a-1 & 0\\ 0 & 0 & a+2\end{bmatrix}.$$

故P为所求正交矩阵.

（2）由（1）知

$$(a+3)E-A=(a+3)E-P\begin{bmatrix}a-1 & 0 & 0\\ 0 & a-1 & 0\\ 0 & 0 & a+2\end{bmatrix}P^{\mathrm{T}}=P\begin{bmatrix}4 & 0 & 0\\ 0 & 4 & 0\\ 0 & 0 & 1\end{bmatrix}P^{\mathrm{T}}.$$

D_{23}（化归经典形式），对矩阵“开方”是对矩阵“求幂”的反向运算，但总的局面仍是相似对角化

令$C=P\begin{bmatrix}2 & 0 & 0\\ 0 & 2 & 0\\ 0 & 0 & 1\end{bmatrix}P^{\mathrm{T}}$，则$C^2=(a+3)E-A$. 故所求正定矩阵是

$$C=\begin{bmatrix}-\frac{\sqrt2}{2} & \frac{\sqrt6}{6} & -\frac{\sqrt3}{3}\\ \frac{\sqrt2}{2} & \frac{\sqrt6}{6} & -\frac{\sqrt3}{3}\\ 0 & \frac{\sqrt6}{3} & \frac{\sqrt3}{3}\end{bmatrix}\begin{bmatrix}2&0&0\\0&2&0\\0&0&1\end{bmatrix}\begin{bmatrix}-\frac{\sqrt2}{2} & \frac{\sqrt6}{6} & -\frac{\sqrt3}{3}\\ \frac{\sqrt2}{2} & \frac{\sqrt6}{6} & -\frac{\sqrt3}{3}\\ 0 & \frac{\sqrt6}{3} & \frac{\sqrt3}{3}\end{bmatrix}^{\mathrm T}=\begin{bmatrix}\frac53 & -\frac13 & \frac13\\ -\frac13 & \frac53 & \frac13\\ \frac13 & \frac13 & \frac53\end{bmatrix}.$$

八、二次型的最值

（O_8（盯住目标8）+D_1（常规操作）+D_{22}（转换等价表述）+D_{23}（化归经典形式））

例 9.15 设二次型 $f(x_1,x_2)=x_1^2-4x_1x_2+4x_2^2$，$g(x_1,x_2)$ 的二次型矩阵为 $B=\begin{bmatrix}1&-1\\-1&2\end{bmatrix}$.

（1）是否存在可逆矩阵 D，使 $B=D^{\mathrm T}D$？若存在，求出矩阵 D，若不存在，说明理由．

（2）求 $\max\limits_{x\neq0}\dfrac{f(x)}{g(x)}$，其中 $x=\begin{bmatrix}x_1\\x_2\end{bmatrix}$.

【解】（1）由于 $B^{\mathrm T}=B,1>0,\begin{vmatrix}1&-1\\-1&2\end{vmatrix}>0$，因此 B 为正定矩阵．又 $g(x_1,x_2)=(x_1-x_2)^2+x_2^2$，令 $\begin{cases}x_1-x_2=y_1,\\x_2=y_2,\end{cases}$ 于是有 $\begin{cases}x_1=y_1+y_2,\\x_2=y_2,\end{cases}$ 即 $x=\begin{bmatrix}x_1\\x_2\end{bmatrix}=\begin{bmatrix}1&1\\0&1\end{bmatrix}\begin{bmatrix}y_1\\y_2\end{bmatrix}=Cy$，使 $x^{\mathrm T}Bx=y^{\mathrm T}C^{\mathrm T}BCy=y^{\mathrm T}y$，即

$$C^{\mathrm T}BC=E,\ B=(C^{-1})^{\mathrm T}C^{-1}=\begin{bmatrix}1&-1\\0&1\end{bmatrix}^{\mathrm T}\begin{bmatrix}1&-1\\0&1\end{bmatrix}=D^{\mathrm T}D.$$

故存在可逆矩阵 $D=\begin{bmatrix}1&-1\\0&1\end{bmatrix}$，使 $B=D^{\mathrm T}D$．

（2）设 $f(x)$ 的二次型矩阵为 A，则 → D_{23}（化归经典形式）

$$\frac{f(x)}{g(x)}=\frac{x^{\mathrm T}Ax}{x^{\mathrm T}Bx}=\frac{x^{\mathrm T}Ax}{x^{\mathrm T}D^{\mathrm T}Dx}=\frac{x^{\mathrm T}Ax}{(Dx)^{\mathrm T}Dx}\xlongequal[\text{则}x=D^{-1}z]{\text{令}Dx=z}\frac{(D^{-1}z)^{\mathrm T}AD^{-1}z}{z^{\mathrm T}z}=\frac{z^{\mathrm T}(D^{-1})^{\mathrm T}AD^{-1}z}{z^{\mathrm T}z},$$

其中 $z=\begin{bmatrix}z_1\\z_2\end{bmatrix}$.

又
$$(D^{-1})^{\mathrm T}AD^{-1}=C^{\mathrm T}AC=\begin{bmatrix}1&0\\1&1\end{bmatrix}\begin{bmatrix}1&-2\\-2&4\end{bmatrix}\begin{bmatrix}1&1\\0&1\end{bmatrix}=\begin{bmatrix}1&-2\\-1&2\end{bmatrix}\begin{bmatrix}1&1\\0&1\end{bmatrix}$$
$$=\begin{bmatrix}1&-1\\-1&1\end{bmatrix}\xlongequal{\text{记}}M,$$

其对应的二次型为 $h(z_1,z_2)=z_1^2+z_2^2-2z_1z_2$，则由

$$|\lambda E-M|=\begin{vmatrix}\lambda-1 & 1\\ 1 & \lambda-1\end{vmatrix}=(\lambda-1)^2-1=\lambda(\lambda-2)=0,$$

得$\lambda_1=2,\xi_1=\frac{1}{\sqrt{2}}\begin{bmatrix}-1\\1\end{bmatrix}$； $\lambda_2=0,\xi_2=\frac{1}{\sqrt{2}}\begin{bmatrix}1\\1\end{bmatrix}$，令$\boldsymbol{Q}=\frac{1}{\sqrt{2}}\begin{bmatrix}-1&1\\1&1\end{bmatrix}$，$\boldsymbol{z}=\boldsymbol{Qr}=\boldsymbol{Q}\begin{bmatrix}r_1\\r_2\end{bmatrix}$，则

$$\begin{aligned}\boldsymbol{z}^{\mathrm{T}}\boldsymbol{Mz}&=\boldsymbol{r}^{\mathrm{T}}\boldsymbol{Q}^{\mathrm{T}}\boldsymbol{MQr}=\boldsymbol{r}^{\mathrm{T}}\begin{bmatrix}2&0\\0&0\end{bmatrix}\boldsymbol{r}=2r_1^2\\&\leqslant 2(r_1^2+r_2^2)\xlongequal{\boldsymbol{z}^{\mathrm{T}}\boldsymbol{z}=\boldsymbol{r}^{\mathrm{T}}\boldsymbol{Q}^{\mathrm{T}}\boldsymbol{Qr}=\boldsymbol{r}^{\mathrm{T}}\boldsymbol{r}}2(z_1^2+z_2^2),\end{aligned}$$

于是$\boldsymbol{z}^{\mathrm{T}}\boldsymbol{Mz}\leqslant 2\boldsymbol{z}^{\mathrm{T}}\boldsymbol{z}$，即$\frac{\boldsymbol{z}^{\mathrm{T}}\boldsymbol{Mz}}{\boldsymbol{z}^{\mathrm{T}}\boldsymbol{z}}\leqslant 2$，令$\boldsymbol{z}_0=\boldsymbol{Q}\begin{bmatrix}1\\0\end{bmatrix}$，得$\frac{[1,0]\begin{bmatrix}2&0\\0&0\end{bmatrix}\begin{bmatrix}1\\0\end{bmatrix}}{[1,0]\begin{bmatrix}1\\0\end{bmatrix}}=2$，此时$\boldsymbol{x}_0=\boldsymbol{D}^{-1}\boldsymbol{z}_0=\boldsymbol{D}^{-1}\boldsymbol{Q}\begin{bmatrix}1\\0\end{bmatrix}=\begin{bmatrix}0\\ \frac{1}{\sqrt{2}}\end{bmatrix}$，

于是$\max\limits_{x\neq 0}\frac{f(\boldsymbol{x})}{g(\boldsymbol{x})}=2$.

【注】本题是作者新命制的题目，事实上，$\frac{\boldsymbol{x}^{\mathrm{T}}\boldsymbol{Ax}}{\boldsymbol{x}^{\mathrm{T}}\boldsymbol{Bx}}$比$\frac{\boldsymbol{x}^{\mathrm{T}}\boldsymbol{Ax}}{\boldsymbol{x}^{\mathrm{T}}\boldsymbol{x}}$使用范围更为广泛，后者已经在真题中出现过，前者尚未出现，值得注意．细心的考生应已发现，$\frac{\boldsymbol{x}^{\mathrm{T}}\boldsymbol{Ax}}{\boldsymbol{x}^{\mathrm{T}}\boldsymbol{Bx}}$依然要转化到$\frac{\boldsymbol{z}^{\mathrm{T}}\boldsymbol{Mz}}{\boldsymbol{z}^{\mathrm{T}}\boldsymbol{z}}$上，这是“三向解题法”中$D_{23}$（化归经典形式）的再一次具体体现，也是大学数学解题中的核心能力之一，无论怎样强调其重要性都不过分．解题者必须能够有明确的意识将陌生的形式化归成熟悉的形式，注意，是意识，意识为先，有了主动的化归意识，办法自然也就来了．